上海铁路客站地区
站城融合设计指南

Guidelines for Station-City Integration in Shanghai Railway Station Area

同济大学
上海市规划和自然资源局
上海市松江区规划和自然资源局
主编

同济大学出版社·上海
TONGJI UNIVERSITY PRESS · SHANGHAI

图书在版编目（CIP）数据

上海铁路客站地区站城融合设计指南 / 同济大学，
上海市规划和自然资源局，上海市松江区规划和自然资源
局主编 . -- 上海：同济大学出版社，2024.12. -- ISBN
978-7-5765-1358-5

Ⅰ . U291.1

中国国家版本馆 CIP 数据核字第 2024JB1744 号

上海铁路客站地区站城融合设计指南

同济大学
上海市规划和自然资源局
上海市松江区规划和自然资源局

责任编辑　周原田
责任校对　徐春莲
封面设计　陈　杰
版式设计　王馨竹、崔敏榆

出版发行　同济大学出版社
地　　址　上海市四平路 1239 号
电　　话　021-65985622
邮　　编　200092
网　　址　www.tongjipress.com.cn
经　　销　全国各地新华书店
印　　刷　上海安枫印务有限公司
开　　本　889mm×1194mm　1/16
印　　张　6.75
字　　数　173 000
版　　次　2024 年 12 月第 1 版
印　　次　2024 年 12 月第 1 次印刷
书　　号　ISBN 978-7-5765-1358-5
定　　价　98.00 元

编委会

主任

石 崧　甘富强　庄 宇

特约顾问

郑 健　卢济威

编委

薛文飞　蔡逸峰　于 晨　邢志刚　袁 铭
张 威　张少森

专家咨询组

李晓江　盛 晖　周 俭　金旭炜　胡晓忠
陆钟骁　张安锋　朱晓兵　姜兴兴　葛海瑛
孙乃飞　陈国欣　牛 斌　魏 巍　孙 娟
易 兵　戚广平　王 萌　刘建红　朱德荣
周曙光　蔡润林　张 逸　宋 煜　Ralf Dietl

编写人员

庄 宇　陈 杰　王馨竹　崔敏榆　翟伟琴
马世江　吴景炜　吴 晞　张灵珠　翁 超
叶 宇　黄 凯　刘鹏飞　郭雪飞　朱融州
李文蒙　刘 昱　夏 宁　杨一蛟　顾 民
张悦文　龙嘉雨　蔡纯婷　潘 亮　许诗怡
梅思思　曹剑杰　谢梦怡

图文编辑

刘慧媛　林瑞翔

摄影

林俊挺　于宝霏　王云静

主编单位

同济大学
上海市规划和自然资源局
上海市松江区规划和自然资源局

参编单位

同济大学建筑设计研究院（集团）有限公司
上海同济城市规划设计研究院有限公司
杭州中联筑境建筑设计有限公司
上海市上规院城市规划设计有限公司
上海市城市规划设计研究院
北京思源置地城市发展顾问有限公司
上海市政工程设计研究总院（集团）有限公司

特别鸣谢

中铁第四勘察设计院集团有限公司
中铁二院工程集团有限责任公司
中铁上海设计院集团有限公司
华东建筑设计研究院有限公司
中国城市规划设计研究院上海分院
深圳市城市规划设计研究院股份有限公司
重庆城市交通开发投资（集团）有限公司
SOM 建筑设计事务所
AECOM 艾奕康咨询（深圳）有限公司
Nikken Sekkei 日建设计（上海）咨询有限公司
Nihon Sekkei 株式会社日本设计
AREP 法铁 / 阿海普建筑设计咨询（北京）有限公司
AS+P 亚施德邦建筑设计咨询（上海）有限公司

目录 | CONTENTS

引言

1. 背景和目标

　　随着我国"交通强国"战略的持续深化，新建或改扩建的铁路客站（以下简称"客站"）与城市的关系越来越密切。一方面，客站及配套的城市轨道等基础设施为地区带来了发展机遇，也对功能布局、交通组织和整体形态提出了新的要求；另一方面，大客流的铁路客站处理不好容易造成对城市的切割和自身孤岛化，还会影响客站地区的整体价值提升，站城融合发展成为铁路和地方协同合作的必然要求。2014 年，国务院办公厅印发了《关于支持铁路建设实施土地综合开发的意见》（国办发〔2014〕37 号），推动高铁建设与城市建设的融合发展，推进高铁客站周边区域合理开发建设；2021 年，国务院在《"十四五"现代综合交通运输体系发展规划》（国发〔2021〕27 号）中提到了促进综合客运枢纽的站城融合，探索建立枢纽开发利益共享机制，推动枢纽与周边区域统一规划、综合开发，加强开发时序协调、服务功能共享。一系列政策性文件的出台，表明国家对于站城融合的重视和支持。

　　上海是中国铁路发展规划的重要城市之一，上海站和上海虹桥站都是客站创新设计的典范，在《上海市城市总体规划（2017—2035 年）》中明确了"四主多辅"的铁路客站格局，除了主城区的客站外，五大新城也规划了多座大中规模铁路客站。如何在客站地区，通过精细化的城市设计工作和规划建设管理，塑造站和城在功能、交通、形态上的组织关系，发挥 1+1>2 的协同效应，促进站城融合的价值实现，是本次设计指南编制的目标。

2. 转型与创新

　　铁路客站是城市对外交通门户，不少客站往往也成为城市的综合交通枢纽之组成部分。客站地区既要保证对外出行的安全、便捷等，也要兼顾市民日常活动和城市运行中的效益和活力。依照不同的定位，客站地区或是交通枢纽，或是特定功能地区乃至城市公共活动中心，成为融入城市的重要组成部分。不少铁路客站在规划设计中，对铁路和客站给城市交通及日常活动带来的影响关注较少，也往往受制于建设速度和建设模式等，对如何凸显"客站 + 城市"的整体价值、发挥交通之外的土地和空间使用绩效重视不够。因此需要对客站地区既有的规划和建设模式，展开转型和创新的探索，这种转变需要结合具体情况，施行"一站一策"，具体体现在：

　　（1）从"独立型交通建筑"向"融合交通与城市功能的综合建筑集群"转型；
　　（2）从"机动出行优先"向"轨道出行优先兼顾机动交通"的转型；
　　（3）从"聚焦交通效率的节点"向"同步促进城市发展和更新的场所"的转型；
　　（4）从"管理型、单一交通功能"向"服务型、步行友好的站城复合功能"的转型。

站城融合既是一种理念，也是城市建设实践中的一项系统性工作。《上海铁路客站地区站城融合设计指南》旨在明确站城融合的多层次内涵，以及如何通过城市设计工作，确定不同客站地区的发展定位，制订站城融合的策略和方法，统筹协调功能业态、动静交通、空间形态等相关的物质要素，促进铁路、地方、市民等相关群体形成利益共同体而通力合作，对客站地区的策划、规划、设计、建设和管理进行指导，推动站城融合的整体价值和公共利益实现。

工作目标

（1）明确铁路和客站以及客站地区的范围及铁路用地和城市建设用地边界；

（2）引导确定客站地区的发展定位以及站城融合的策略；

（3）引导形成客站地区的城市设计任务书；

（4）引导制订客站地区的城市设计方案并制订相应设计导则和控制性详细规划（含附加图则）；

（5）协助形成客站地区开发或更新的实施管理平台。

适用范围

（1）适用上海市域范围内（包括主城区和新城）的铁路客站地区；

（2）本指南的相关准则和引导，适用于客站地区前期的城市设计编制，客站周边街坊或地块的工程设计和建设，通过控规附加图则或纳入土地出让条件的城市设计导则落实，客站及客站综合开发部分的工程设计通过纳入设计招投标任务书落实。

组织和审批

客站地区的城市设计以及形成的单元规划（控制性详细规划及附加图则）以上海市规划和自然资源局为主，协同中国国家铁路集团有限公司（以下简称"国铁集团"）开展审查；客站（或客站综合开发）及配套的工程设计由国铁集团和上海市规划和自然资源局共同审查，并协同城市设计的设计导则和相应工程设计任务书内容；客站地区的其他工程建设（街坊或地块开发和更新）由上海市规划和自然资源局审批。

与相关规范的关系

客站地区的规划和设计涉及铁路客站、道路交通、消防组织等多项既有规划和设计规范以及上海城市规划技术管理规定等相关地方规划要求。本指南可视为对相关规范规定的补充和完善。在安全底线和规划允许的前提下，鼓励结合具体情况，开展创新设计探索，如有突破相关规范规定的情况，可由专家委员会专题论证，并履行相关决策程序。

第 **1** 篇　铁路客站与城市
RAILWAY STATIONS AND THE CITY

第 1 章　CHAPTER 1

上海铁路客站的发展
DEVELOPMENT OF SHANGHAI'S RAILWAY STATIONS

第 2 章　CHAPTER 2

铁路客站地区的使用者和要素构成
USERS AND ELEMENTS OF RAILWAY STATION AREA

第 3 章　CHAPTER 3

走向融合的站城关系
TOWARDS AN INTEGRATED STATION-CITY RELATIONSHIP

第1章
CHAPTER 1

上海铁路客站的发展
DEVELOPMENT OF SHANGHAI'S RAILWAY STATIONS

1.1 发展演进

1.2 基本类型

1.3 上海铁路客站的特点

1.1 发展演进

1908 年沪宁铁路、1909 年沪杭铁路相继通车后，上海曾在东、南、西、北四个方位都建有铁路客站。其中，沪宁铁路的"上海北站"和沪杭铁路的"上海南站"构成了上海的南北两大客运枢纽格局，"上海西站"则位于它们的联络线上，因此也被称为"上海中站"；而今天的上海站的原址——"上海东站"，在当时是用于转运苏州河货物的麦根路货站。

1937 年上海南站遭日军炸毁后，"上海北站"（新中国成立后改称"上海站"，民间习惯称"老北站"）一直承担上海的主要客运服务，直至 1987 年上海站（民间以"新客站"与"老北站"区分）运营，老北站旧址被改为上海铁路客技站。

1912 年的上海南站

1910 年代的上海北站

1980 年代的上海站（老北站）

图 1-1 上海铁路客站的发展演进

1987 至今，上海已建成上海站、上海南站、上海虹桥站和若干辅站，结合规划建设中的上海东站、松江站、宝山站以及若干中间站，将形成"多网融合"下的"四主多辅"铁路客站格局，对建设上海铁路客运体系、完善长江三角洲城市群骨干城际通道起着重大作用。

图 1-2 2024 年上海铁路客站格局

1.2　基本类型

	铁路客站	区位	等级与规模	列车类型	城市轨道及市域铁路
主要客站	上海站	主城 中央活动区 内环内	特等站 / 大型 7 台 15 线	高铁 动车 普速	1、3、4 号线
	上海南站	主城 中环内	更新中 6 台 13 线	高铁 城际	1、3、15 号线、 金山线
	上海虹桥站	主城副中心 虹桥片区 外环外	特等站 / 特大型 16 台 30 线	高铁 动车	2、10、17 号线、机场联 络线、示范区线、嘉闵线
	上海东站 （在建）	地区中心 中心镇 外环外	特等站 / 特大型 14 台 30 线	高铁 动车	21 号线、机场联络线、 南汇支线（两港快线）、 东西联络线
辅助客站	上海西站	主城副中心 真如 中环内	一等站 / 中小型 3 台 8 线	高铁 城际	11、15、20 号线
	松江站 （扩建）	新城中心 松江新城 外环外	一等站 / 大型 9 台 23 线	高铁 动车 普速	9 号线、 东西联络线、嘉青松金线
	宝山站 （在建）	主城副中心 宝山片区 外环外	一等站 / 大型 8 台 18 线	高铁	19 号线、 宝嘉线
	南翔北站	地区中心 中心镇 外环外	二、三等站 / 中小型	高铁	嘉闵线
	安亭北站	地区中心 中心镇 外环外		高铁 动车	14 号线西延伸 宝嘉线、嘉青松金线
	金山北站	地区中心 一般镇 外环外		高铁 动车	南枫线
	四团站	地区中心 一般镇 外环外	一等站 / 中小型	高铁 动车	南枫线、27 号线、曹奉线、 新片区轨道东西线

表 1-1 上海铁路客站概况

列车类型	**铁路客站等级**	**铁路客站建筑规模**
高铁：高速动车组旅客列车，时速 250—350km/h	特等站：> 6 万人 / 日	高峰小时发送量 PH(人)
城际：城际旅客列车，时速 160—350km/h	一等站：> 1.5 万人 / 日	特大型：PH>1 万
动车：普通动车组旅客列车，时速 160—200km/h	二等站：> 5000 人 / 日	大型：5000 ≤ PH<1 万
普速：特快、快速、普通、旅游等旅客列车，时速 ≤ 160km/h	三等站：> 2000 人 / 日	中型：1000 ≤ PH<5000
市域铁路：120—160km/h		小型：PH<1000

上海市域内现有国家铁路（高铁、城际、动车和普速列车）、地方铁路（市域线），本指南聚焦国铁客站，兼顾市域线。

1.3　上海铁路客站的特点

从整体上看，上海铁路客站数量和类型较多，从市中心到郊区新城均有分布，客站间的市域交通联系较为畅通，能基本满足各类人群的出行需求。

从旅客构成来看，上海作为全国人流聚散的中心城市之一，铁路旅客出行经验和空间认知能力差异较大，出行目的和消费能级也各不相同。

从出行特点来看，兼顾高铁和普速的综合客站（简称"综合站"）的中长途出行远多于短途出行，车次间隔较大，旅客候车时间长，而高铁站的商务和旅行出行远高于通勤出行，车次间隔较短，旅客短时候车较为明显。两类客站节假日均呈现高峰客流。

从候车方式来看，综合站普遍采用大站房 + 大广场的格局以满足高峰候车和交通的需求，但广场日常使用率较低。

从流线组织来看，进出站流线分置，其中"高架候车、上进下出"成为动车高铁站的范式。

从安全检查来看，安检严格、流程较长，门禁范围远超国外可比客站，上海虹桥站率先在国内客站中开放地下换乘通道，附设各类商业设施和客站服务窗口，大大提高了空间利用效率。

上海的铁路客站规划和设计一直走在全国前列，客站地区也亟待引入国内外先进理念和经验，形成"站城融合"的新探索。

第 2 章
CHAPTER 2

铁路客站地区的
使用者和要素构成
USERS AND ELEMENTS OF RAILWAY STATION AREA

要点提炼

（1）根据客站对周边地区影响力的高低，主要客站地区的城市空间呈现出较为明显的圈层特征，从内到外依次为核心区（0—500m）、扩展区（500—1000m）和影响区（1000—1500m），辅助客站地区则根据具体情况做适当缩小。本指南中的客站地区特指客站出入口1000m辐射的完整街坊范围。

（2）客站地区的使用者分为旅客与市民两大类，其中旅客分为通勤型、商务型和常规型三种，市民分为通勤型、消费型和其他三种。使用者的出行频次、时段和消费需求等是客站地区城市设计的依据。

（3）客站地区应对交通系统、功能系统和形态系统进行整合设计。交通系统包括轨道交通、车行交通和步行活动三类要素；功能系统包括不同的功能要素及其配比和布局；形态系统涉及形态结构、实体和空间要素。

2.1 客站地区

根据客站对周边地区影响力的高低，客站地区的城市空间呈现出较为明显的圈层特征，从内到外依次为核心区、扩展区和影响区。其中核心区和扩展区是本指南所讨论的站城融合范围。

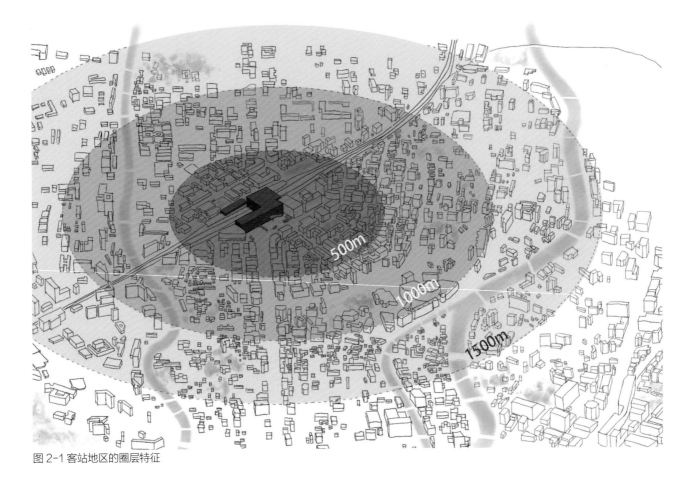

图2-1 客站地区的圈层特征

0—500m —— 核心区
该区域内为服务旅客设置集散和换乘空间，辅以住宿、餐饮等功能，也是理想的办公、酒店等区域；该区域拥有的可达性和人流价值最高，适合站城深度融合定位下的宜步行城市目的地功能，如综合消费中心等。

500—1000m —— 扩展区
步行距离较舒适，该区域可以衍生出商务、办公、会展、旅游等城市功能，同时服务于该区域市民的日常公共活动。

1000—1500m —— 影响区
与客站步行联系偏弱，旅客密度降低，此区域功能向常态化的城市生活过渡，包括地区性商业、社会、文化活动等设施，以及客站关联的特殊业态如物流贸易等。

本指南中的客站地区特指客 站出入口1000m辐射的完整街坊范围。

2.2 客站地区的使用者及活动特点

客站地区的使用者包括旅客（通勤型、商务型和常规型）和市民（通勤型、消费型和其他）两大类，其活动特点有明显差异。客站地区的便捷交通可以带来消费和就业机会，其中，轨道交通的作用尤为明显。

 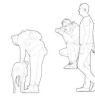

通勤型旅客

主要乘坐发车频次较高、出行距离较短的城际列车或高铁；集中在工作日早晚高峰出行，讲求出行效率。
在核心区伴有日常化的消费活动。

商务型旅客

主要乘坐高铁和城际列车；出行距离中等，频次不一，工作日早晚出行较多。
活动范围主要分布在核心区与扩展区，有较高品质的出行体验和商务需求。

常规型旅客

旅游、探亲、求学、打工等客群，乘坐列车类型多样；出行距离长，频次低，周末、节假日为出行高峰。
活动范围紧邻铁路客站，主要为伴随旅行的消费需求。

通勤型市民

乘坐地铁等市内公共交通上下班或学习等，出行时段集中在工作日早晚高峰。
活动范围主要分布在核心区，有日常化的消费活动与需求。

消费型市民

乘坐公共交通或私人交通，时段集中在商业营业时间（午后居多）。
活动范围主要分布在核心区和扩展区，需要餐饮、休闲、娱乐、购物、交往等城市功能与有活力的公共空间。

其他市民

多为本地居民，步行、骑行或搭乘公交，日常早晚出行。
活动范围主要分布在扩展区和影响区，需要良好的社区环境和完善的生活配套，关注城市公共空间。

通勤型旅客
商务型旅客
常规型旅客
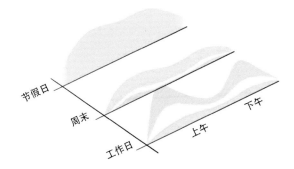

通勤型市民
消费型市民
其他市民
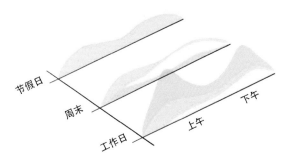

图 2-2 客站地区不同使用者的活动时间

2.3 客站地区的要素

铁路客站地区主要涉及城市的交通系统、功能系统和形态系统。客站地区的站城融合应通过城市设计对多系统、多要素构成的环境做整体设计统筹来实现。

交通系统

客站地区的交通系统包括轨道交通、车行交通和步行活动三类要素，每类要素分为客站内部和客站地区两部分，步行系统还涉及客站与城市的衔接。

轨道交通

客站内部（站房 + 站场）
铁路到发

客站地区（城市轨道）
服务城市的运动—城市轨道交通

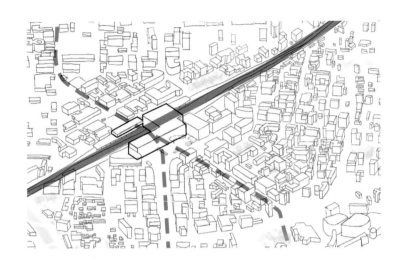

车行交通

客站内部（站房 + 站场）
服务动线（集疏运及货运）

客站地区（城市道路和街道）
客站相关功能的车行动线
服务城市功能的车行动线

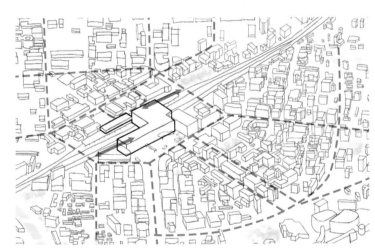

步行交通

客站内部（站房 + 站场）
旅客动线（候车、乘降、购票、问询等）

站城衔接（集疏通道 + 接驳设施）
铁路旅客换乘公共交通（地铁、公交、长途等）
铁路旅客换乘私家交通
穿（跨）越铁路站场的城市步行动线

客站地区（地上 / 地下步行通道）
客站相关功能的步行动线
服务城市功能的步行动线

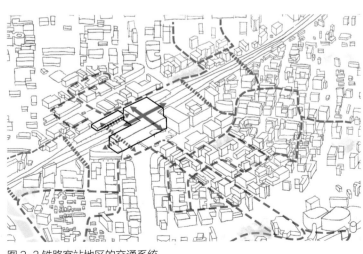

图 2-3 铁路客站地区的交通系统

功能系统

客站地区的功能系统包括不同的功能要素及其配比和布局；以客站为中心，交通及其延伸功能、衍生功能和其他城市功能依次向外以圈层方式分布。

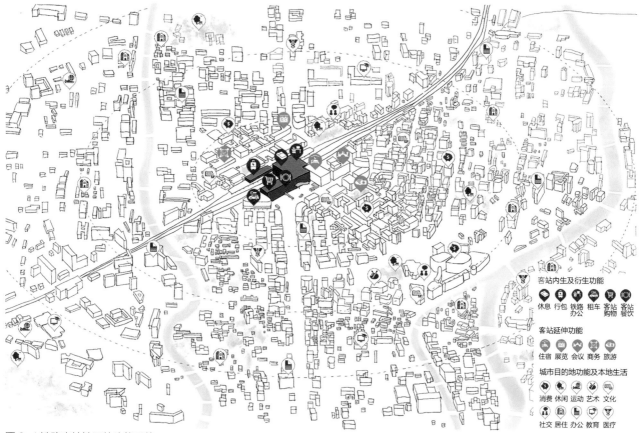

客站内生及衍生功能
休息 行包 铁路办公 租车 客站购物 客站餐饮

客站延伸功能
住宿 展览 会议 商务 旅游

城市目的地功能及本地生活
消费 休闲 运动 艺术 文化
社交 居住 办公 教育 医疗

图 2-4 铁路客站地区的功能系统

形态系统

形态系统涉及形态结构、实体和空间要素，包括承载交通和城市功能的建筑、市政基础设施等和公共空间场所。客站地区的形态由实体建筑与空间共同塑造，通过或集中或分散、或围合或开敞、或连续或打断的多种方式组合，形成具有结构性组织和认知特征的城市整体形态，常见的有中心式、轴带式、网络式等。

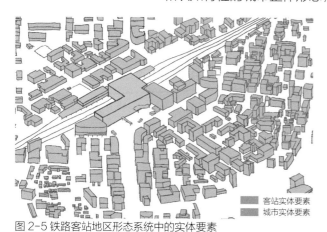

客站实体要素
城市实体要素

图 2-5 铁路客站地区形态系统中的实体要素

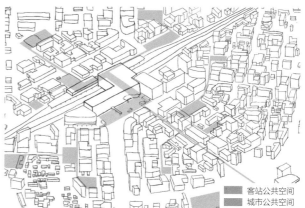

客站公共空间
城市公共空间

图 2-6 铁路客站地区形态系统中的空间要素

实体要素

客站建筑和周边城市建筑组成了客站地区的实体要素。
实体的体量影响着使用者对环境的感知；实体的界面围合限定了城市公共空间，影响着使用者对空间的认知。从站城融合的要求来说，宜化解客站建筑巨构体量，营造近人尺度，打造连续的、有限定感的界面。

空间要素

客站公共空间（站前广场、城市通廊等开放区域）与城市公共空间（街道、广场、公园与城市建筑内开放给公共使用的空间）共同构成了客站地区的空间要素。
站城融合需要缝合被客站分割的城市空间，通过缩小门禁空间范围，开放部分站内空间供市民穿越和使用，提供连续的城市公共空间。

第 3 章
CHAPTER 3

走向融合的站城关系
TOWARDS AN INTEGATED STATION-CITY RELATIONSHIP

3.1 铁路和客站的形式和潜在问题

3.2 客站地区的价值

3.3 客站地区的发展类型

3.4 走向融合的背景与线索

要点提炼

（1）地面铁路、高架铁路和下埋铁路对城市活动的阻隔依次减少，建造成本、开发条件和开发价值依次提高。

（2）一般中小型客站多采用线侧式布局，大型、特大型客站主要采用线上式或线下式布局，城际、市域铁路客站由于与周边城市关系密切，采用更灵活或不同组合的布局。

（3）客站地区的发展类型应根据其潜在价值（区位价值、可达性价值、人流集聚价值、空间价值和其他特别价值）来确定，综合价值较低的适合建设单纯的交通节点区或枢纽区，拥有某些特别潜在价值的站区有机会融合特定类型的城市功能，综合价值较高的适合发展成为站城功能复合的综合区或城市公共生活（次）中心。

（4）铁路客站向城市局部开放，站场引入城市功能，鼓励轨道交通和公共交通优先发展以及优化大尺度广场和站房体量等新趋势，使得客站地区（再）开发和更新获得新的发展可能：如客站形态融入城市、铁路与站房可以被穿越、客站与城市功能联动协同，甚至客站地区可以融入城市公共生活。

（5）根据客站与城市的融合程度从低到高，站城关系可归纳为独立、联通共构、交织共构和叠合共构四种，开发过程中的实施和协同难度也依次递增，需依据实际开发条件选择适当的空间形式。

3.1 铁路和客站的形式和潜在问题

依据铁路线网规划所确定的站场（铁路站房和铁路车场）形式，会给周边城市片区带来不同的利弊影响，站城融合需要考虑相匹配的站城空间关系。

站场

地面站场

阻断和割裂城市活动，造成交通尽端路，需要通过高架或地下道路（人行道）连接两侧。

建造成本最低，对两侧有噪声、粉尘和振动等影响，严重影响周边土地和物业开发价值。

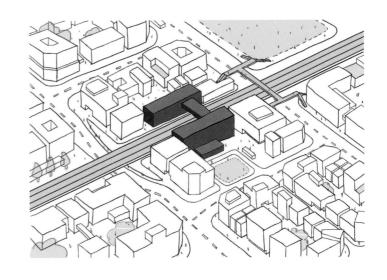

高架站场

对城市活动无阻隔，地面可无障碍通行，但较多线路会造成大面积线下阴影区域。

建造成本较高，不适合线数过多的站场，高架下空间由于安全隐患，一般限制或有条件利用，高架铁路对两侧也造成噪声、粉尘、振动等影响，严重影响周边土地和物业开发价值。

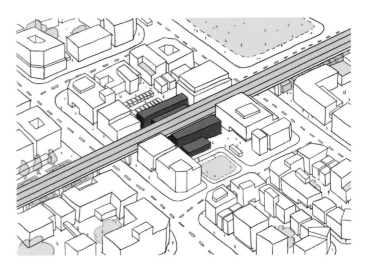

地下站场

地下站场对城市活动无阻隔，步行和车行均可无障碍通行。

建造成本高，易受地形、地质、管线、河道等条件制约，下沉铁路上方需要论证方可开发，两侧的噪声、粉尘、振动等影响可控，总体对城市环境影响最小，周边土地和物业开发价值较高。

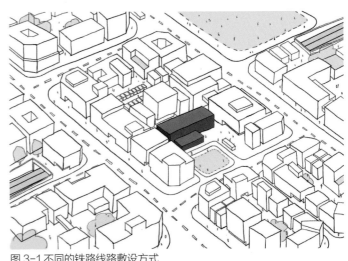

图 3-1 不同的铁路线路敷设方式

站房

线侧站（通过站）

站房位于铁轨单侧或双侧，邻接基本站台，其余站台需要通过天桥或地下通道到达，多采用上进下出模式。我国主要采用候车厅候车，线侧站的乘车效率偏低，常见于一些老客站和小型客站。国外的线侧站更倾向于采用站台候车方式，达成快进快出的高效率乘车，站房面积集约。我国目前规划中的市域铁路、城际铁路等高频次短编组列车的通过站可以采用。

线侧站与其上部开发如客站综合体容易结合，也容易和周边建筑形成城市空间限定关系。

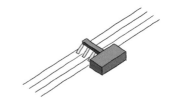

线上站（通过站）

站房横跨站场的铁轨，也叫跨线式客站，候车厅与站台对应，多采用腰部或线侧进站、上进下出等模式。线上站的候车体验好，乘车效率高，便于集中管理，因此被新建大中型客站广泛采用。但大跨度站房建造成本高，高架铁路的线上站离地高达20m，需要配建高架坡道和自动扶梯，增加投资。

线上站的线上部分不容易开发其他功能，其线侧部分如进厅等可以结合上部或下部开发，往往需要处理好地面、地下（地铁）、空中（轻轨）人流以及城市街道关系。

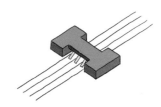

线下站（通过站）

站房位于铁轨下方，候车、进出站同层（下进下出）完成，流线清晰简单，但适用范围较窄，多用于高架站台的中小规模客站。线下站需要处理好上方铁路震动、空间高度和采光受限等影响，结构需要加强，在大中型站中较少，但对于站台候车的市域或城际列车通过站，不失为经济实用的选择。

线下站需要处理好站房与城市街道的衔接关系，其线侧部分适宜与城市开发结合。

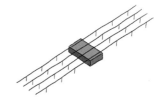

尽端站

铁路进入城市的尽端所修建的客站，一般为端部和三边布局，与城市街道的车辆和人流衔接。我国早期的铁路客站如上海北站、北京正阳门东站等为尽端站，当代客站中很少出现。

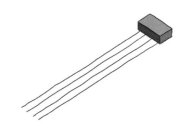

总体而言，我国在快速建设的新型铁路客站具有尺度大、安全性好、进出站效率较高、独立性强的特征，但同时，大部分的铁路客站与城市的结合度不高，对城市的分割现象突出。

图 3-2 不同的客站布局形式

3.2 客站地区的价值

客站地区不仅具有铁路带来的对内对外的交通价值，也因此激发更广泛的经济价值和社会价值。为此，需要挖掘其底层支撑，包括区位价值、可达性价值、人流集聚价值、空间价值等多元内涵。

区位价值

处于不同城市、不同地段的客站，其区位的优劣势和发展机遇各不相同。一般来说，越是高能级城市核心区域的客站地区，区位价值越高，反之亦然。

如日本东京都市圈将山手环线上的几个大型铁路客运枢纽地区（包括东京站、新宿站、涩谷站、池袋站等）确定为城市再生重点区域，以打造世界性的经济、文化与艺术中心为目标，使这些地区的区位价值得到激活。

另外，城市的规划、政策也会显著影响地块的区位价值，比如历史上曾经位于城市建成区边缘的伦敦桥站、东京新宿站和上海虹桥站所在地区都跃升为城市的新发展中心。

图 3-3 东京山手环线站点分布

可达性价值

高可达性伴随着更多资源的流入，为客站地区带来更多发展机会。

可达性一方面体现于客站在铁路线网中的区域节点地位，如郑州在"八纵八横"时代成为普铁、高铁"双十字"枢纽和"米"字形高速铁路网的中心枢纽；另一方面，客站地区的城市交通（如地铁）的可达性程度决定了其在城市中的地位和发展机会，如位于上海城市外环西侧的虹桥站紧邻虹桥机场，又通过东、西两个换乘交通中心与城市交通紧密结合，实现轨、陆、空三位一体的联运，服务能级、运量和范围均得到提升。

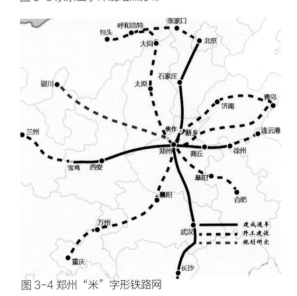

图 3-4 郑州"米"字形铁路网

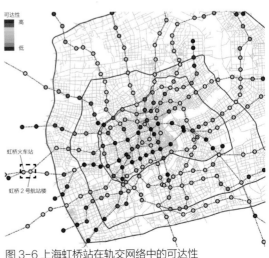

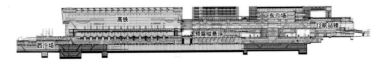

图 3-5 上海虹桥站轨、陆、空三位一体的联运

图 3-6 上海虹桥站在轨交网络中的可达性

人流集聚价值

人流集聚伴随着顺路消费、中转留宿等活动，为站区提升经济效益和社会活力。人流集聚价值除了受到区位和可达性影响，还取决于客站地区的旅客构成，需分析不同类人群的出行类型、时段、范围和行为特征、兴趣需求等因素，在站区的功能空间布局中回应。如东京新宿站依托世界第一大规模的枢纽的人流和通勤优势紧邻客站布局商业、办公。

图 3-7 东京新宿站地区汇聚大量人流

空间价值

客站地区隐藏着大量"失落的空间"，如铁路和站房上下方，这些空间可被租售、经营，也可容纳城市公共活动，蕴藏着综合发展的可能。通过城市功能植入和连接站城的流线设计，使这些空间得以再激活。如巴黎蒙帕纳斯车站（Gare Montparnasse）在站台上方夹层修建了大型小汽车停车库和在距离地面18m处的大屋顶平台上建立主题城市公园。

图 3-8 巴黎蒙帕纳斯站屋顶公园

其他特别价值

客站地区的历史、文化、景观、产业等特色功能会产生特别的吸引力与价值。

历史方面

如纽约大中央车站、安特卫普中央车站本身就是城市建筑文化遗产，作为城市的名片而存在；嘉兴站的老站房被1：1复刻，植入文化展厅功能，作为地域记忆的载体与新站房交织共存。

嘉兴站鸟瞰　嘉兴站效果图

文化方面

如巴黎市中心的圣拉扎尔车站，不仅将原来的大厅改建成新旧共生的城市商业街，还不时举办音乐会、绘画和摄影展、舞蹈表演、钢琴演奏等多种形式的文化艺术活动，让客站地区成为城市创意文化和日常生活的发生器。

圣拉扎尔车站内景

景观方面

如马德里阿托查车站内结合商业休闲等功能设置的热带雨林植物园，带来别具一格的体验。

马德里阿托查车站内景

产业方面

如改造后的伦敦国王十字车站地区，吸引了谷歌、脸书等多家巨头互联网企业入驻，提升片区产业价值。

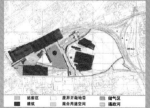

国王十字车站地区产业分布

图 3-9 客站地区可能产生的特别吸引力与价值

3.3 客站地区的发展类型

单纯的交通节点或枢纽区

目前，上海市域范围既有"空铁联运"日到发旅客超几十万人次规模的重要交通枢纽型客站地区，也有日到发旅客量较少的交通节点型地区。未来，在一定的条件下，有可能向特定功能区和综合功能区发展和转化。

特定功能区

上海大都市边缘的客站地区，往往具有不错的可达性价值、人流集聚价值与空间价值，宜依托铁路交通、结合地方特色文化或优势产业适度发展会展、商贸等，营造良好的城市环境与营商环境以扩大影响力，吸引更多旅客停驻和市场投资。

综合功能区（城市目的地地区）

上海市中心、副中心及新城中心的重要客站地区，依托良好的区位条件和高可达性，人流大量集聚，空间开发的综合价值极高，应利用优势营造站城充分互动的空间，引入多元业态，将客站地区打造为集商业、文化、休闲、娱乐等为一体的城市活力中心。

3.4 走向融合的背景与线索

背景和挑战

铁路客站地区的土地利用**不够集约紧凑**导致空间绩效较低、大体量站房、大尺度广场和专用路系统**割裂城市**而成为"车站孤岛"难以与城市协调、交通节点属性过强而场所属性弱使得城市**活力欠佳**等现象是激发客站地区走向"站城融合"的重要背景。客站地区中铁路红线内外分属不同治理主体，利益不同而难以整体目标来协同发展是"站城融合"的关键。此外，还要面对我国"大候车厅""高安全等级"以及"小汽车出行习惯"等特点带来的挑战。

铁路客站局部向城市开放

客站开放和让渡部分空间，形成步行可穿越可停留的城市公共空间，并串接周边城市目的地。如荷兰鹿特丹市民可以刷城市交通卡免费穿越客站，上海虹桥高铁站开放地下通廊等。

站场引入城市功能

铁路站场通过利用上部或侧部的空间，加入城市功能提升站区的空间利用蓄留人群增强活力，如杭州西站除了客站内候车厅外引入商业、文化等，在上空和两侧引入城市酒店和办公。

加强轨道交通和公共交通

在市中心区的中小客站地区，通过轨道站和公交站的零换乘，同步减少小汽车车道数并限制停留等，引导旅客和市民优先使用公共交通。如深圳福田站和嘉兴站。

优化大广场和大体量

化解疏解大人流的应急空地面积，形成中小尺度的广场、街道、花园等公共空间，并兼顾城市日常使用和节假日运输高峰的不同需求，如广州白云站；在特别中心地区，化解客站的大体量特征融于城市，也正成为选项之一，如深圳西丽站地区。

图 3-10 深圳西丽站地区

客站与城市的关系转型

独立

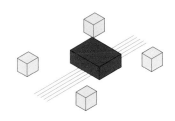

独立型客站体量巨大、造型独特，大尺度广场和周边大流量集疏运道路把客站与周边城市分割开，形成孤岛式的超大交通街坊，缺少对城市功能和周边城市环境的呼应。站房可能成为城市的地标，但难以融入城市活动和空间秩序。

快速建设的客站和地区多呈现独立型站城关系，有待通过持续的更新来完善。

联通共构

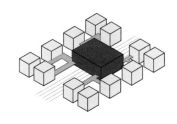

联通型客站功能独立，通过地面或空中或地下的步行街道、广场与城市功能联接。站房可以是门户式地标建筑，同时和周边街坊共同塑造城市的空间秩序而形成客站地区，如日本二子玉川站地区、北京副中心站地区（城市设计）。

联通型客站产权界面清晰，便于实施，要处理好主次和尺度关系。

交织共构

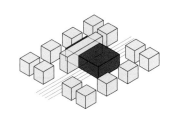

交织型客站功能独立，但局部向城市开放，融入城市功能或公共空间等，站房与相邻建筑街坊站共同塑造了城市的空间秩序而形成客站地区。站房与城市的交织部分通常为平面组合关系，如城市（站前）广场、城市通廊及其支持功能等，交织部分也是旅客、市民集聚最有经济和社会活力的区域，如荷兰乌得勒支中央车站地区、上海虹桥站地区。

由于涉及物业产权和经营权属等问题，交织型客站在开发过程中需要各利益主体合作。

叠合共构

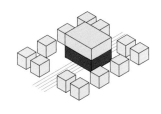

图 3-11 客站与周边城市的 4
种基本关系类型

叠合型客站功能融入城市综合体或综合开发街坊，站房与城市功能形成竖向上的交叠组合关系，站内外公共空间无缝衔接，综合体及周边街坊造就了地区的空间秩序。

叠合型客站适宜土地资源紧缺的高能级城市中心区展开的高密度开发或更新，尤其是以通勤客流为主的市域铁路或城际铁路客站所在地区，可以带来高开发强度和高土地价值回报。

由于站城功能和空间存在竖向上的划分，叠合型客站涉及更复杂的物业产权和经营界面等问题，在客站地区的规划建设中，需要高度精细化的管理与合作，且需要处理好步行系统与叠合的客站及城市功能的衔接。

第 2 篇 目标与策略
OBJECTIVE AND STRATEGY

第4章
CHAPTER 4

站城融合的
发展定位和设计导引

THE DEVELOPMENT POSTIONING AND DESIGN
GUIDANCE OF STATION-CITY INTEGRATION

要点提炼

（1）站城融合的定位应从交通节点属性、公共场所属性、城市需求和商业机会四个维度进行考量。

（2）区域一体化、铁路和特色产业结合、配套的城市轨道交通和城市更新等会为站城融合带来重大的发展机会，从而影响客站地区的定位。

（3）客站地区应根据城市能级、客站规模、使用需求和远景发展制定适宜匹配的"站城融合"目标，客站与城市形态协调共构是根本，可以在安全高效的集散和换乘、集约混合的多功能使用、特色活力的公共场所三个层次上深化。

（4）站城融合的三大原则是：功能联动、交通协同和形态整合。

4.1 站城融合的 四个考量

交通节点 VS 公共场所

铁路客站既是交通网络中的一个节点，又是城市中的一个公共场所，其节点属性主要体现在其与其他城市及地区的交通关联上，而场所属性主要体现在客站及周边地区的城市功能中。以站城融合视角看待上海的铁路客站地区时，主要关注的是场所属性的相对不足。

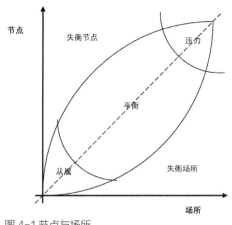

图 4-1 节点与场所

城市需求 & 商业机会

客站地区的功能开发要平衡城市需求与商业机会。可以打造市场青睐的商业街区，也可以在客站地区补充和提升社区环境和配套设施，既关注市场利益，又维护城市长远发展和公众利益。

图 4-2 纽约大中央车站（上）和东京涩谷站（下）

市场最看好的商业机会出现在市（副）中心的门户大站，如伦敦桥站、纽约大中央车站、东京站、涩谷站等地区。高价和高回报的土地会使得站区发展出连片的商业、办公等。

住宅以点状分布的高层公寓为主，站区中的科教文卫和景观等设施侧重于为消费客群服务，因此居住成本高，住户流动性较强。

图 4-3 东京二子玉川站（上）和伦敦斯特拉福特站（下）

片区中心客站既有一定的市场机会，也有较高的城市需求。商业和公共设施贴合本地居民消费层次和生活习惯，也能够以特色功能吸引其他地区市民。

引入乐天、茑屋百货并串联滨河景观和高端住宅的东京二子玉川站地区和利用奥林匹克公园打造高端购物中心和混合社区的伦敦斯特拉福特站地区是这方面的典型。

图 4-4 日本延冈站

对于一些客流量不足、竞争优势不明显的中小型站点，较为经济的选择是根据当地城市需求，围绕客站集约布置适量商业零售和服务网点，如日本延冈站在站前设置便利店、小商超、自助银行、图书室和咖啡吧等，让客站成为一个本地居民的活动空间。

4.2 底层逻辑和发展机会

区域发展下的战略机会

随着区域一体化发展的加快，区域性的经济文化等活动不断加强，城际之间高频次快速出行可能大大促进了经济、文化交往带来的价值和机会，一些城市依托铁路线网的辐射能力强化了区域经济、文化中心的地位，区域性企业、机构等功能大量出现，上海的客站地区迎来区域发展带动下的"站城融合"战略机会。

图 4-5 长三角一体化为虹桥站地区带来新的发展机遇

在长三角一体化背景下，上海虹桥站区以空铁复合的交通枢纽为纽带，发展为现代化的虹桥商务区，举办进博会并持续放大其溢出效应，推动虹桥商务区成为联动长三角、服务全国、辐射亚太的进出口商品集散枢纽。

图 4-6 欧洲里尔站作为欧洲区域一体化背景下的枢纽节点，推动了地区更新和转型

欧洲里尔站是联系法国至英国、比利时、荷兰等西欧邻国的重要交通枢纽。在交通的带动作用下，在新老客站之间的三角地带开发名为"欧洲里尔"的高铁新城，1期以会议、会展功能为核心，商业中心、商务办公及公园广场等公共空间依次开发。欧洲里尔站区完成交通中心向经济活动中心的转变，成为里尔的城市副中心。

铁路和特色产业结合的优势

在高铁和城际线网中，部分客站地区并不具备区域中心的优势，但充分发挥本地特色的专业化产业，并依托普速铁路和部分城际线网的辐射，形成区域性或更大范围的专业中心，也可以大大提高城市在区域中的地位。

图 4-7 阿姆斯特丹南站地区发展为国际贸易和金融产业集聚区

依托阿姆斯特丹南站对鹿特丹、乌得勒支等城市和史基浦机场的辐射能力，南站地区迅速成长为荷兰重要的贸易和金融功能区域。

结合城市区位的 TOD 效应

目前铁路通勤尚未形成规模，但配套的城市轨道交通和在建的市域铁路使客站地区获得良好的城市区位和可达性，助推 TOD 效应。在铁路客流不是很大的情况下，兼顾客站和城市布局的地铁站也是"站城融合"发展的关键，客站地区有可能成为特定功能区和城市生活目的地。

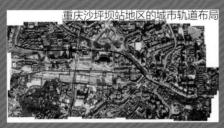
重庆沙坪坝站地区的城市轨道布局

重庆沙坪坝站地区的用地布局

重庆沙坪坝站地区效果图

图 4-8 重庆沙坪坝站地区融合发展

重庆沙坪坝站作为成渝地区的重要交通枢纽，汇集了多条高铁线路和 3 条地铁线路。该地区结合地铁在距朝天门 15km 处打造成集购物、娱乐、休闲、健康为一体的现代化新城。其复合开发得益于铁路部门和专业开发商的合作，以上盖部分的地坪为界，地下部分及地上客站部分由铁路投资建设单位开发，上盖区域由龙湖集团开发。

城市更新中的价值再现

随着市中心区的城市更新，客站将随着高速和城际列车的不断增加而获得新的价值，中等规模的客站更容易与原有城区协同。由于兼备区域辐射交通节点、城市区位优越和高可达的多重优势，随着地区更新中环境品质和出行体验的提升，将吸引区域和城市的双重人群，成为时尚消费、旅游休憩、文化娱乐等功能复合的高价值特色地区。

图 4-9 东京涩谷站地区的更新和活力再生

东京涩谷站地区由于空间拥堵、设施老化和商业销售额下滑，于 21 世纪开始了长达二十余年的"再生"之路，其功能和定位为"导入高端功能业态，提高作为生活文化发源地的涩谷的活力"，打造文化交流和观光、创意产业服务中心，营造充满活力的商业界面和空间。

图 4-10 伦敦国王十字街区的更新

伦敦国王十字街区坐拥国王十字和圣潘克拉斯两座火车站，曾随着工业时代的没落而破败。以 1996 年欧洲之星的伦敦站点设在圣潘克拉斯车站为契机，国王十字街区的更新计划由此启动，以恢复该区域的活力与影响力。借助 TOD 开发，国王十字街区吸引教育、医疗、科技、商务、居住等多种功能入驻，成为面向未来的"微缩伦敦"。

图 4-11 巴黎圣拉扎尔站地区的更新

从 2003 年起巴黎市政府对圣拉扎尔车站（巴黎最古老也最主要的铁路枢纽之一）进行翻修和改造，将站房大厅向城市开放，形成容纳零售、餐饮、等商业店铺的步行街，使圣拉扎尔车站成为城市活动和公共交往的场所。客站兼具城市文化沙龙的作用，可举行音乐会、艺术展等文化活动，展现艺术之都的魅力。

4.3 站城融合的发展目标

站城融合的发展目标有多个层次，客站与城市形态关系相互协调共构是基础，并确保客站地区安全高效的集散和换乘，可能的情况下，营造集约混合的多功能使用和特色活力的公共生活场所。对上海四大主要客站和部分辅助客站，宜全面实现站城融合目标。

特色
活力

集约
混合

畅通
高效

客站与城市形态关系互相协调共构

图 4-12 站城融合的发展目标

4.4 站城融合的三大原则

功能联动

图 4-13 京都站

客站建筑不仅仅是一个交通枢纽，同样也可以吸纳多种城市功能，成为城市商务办公、文化娱乐和休闲交往的载体，辐射周边地区。

客站地区应充分论证、合理开发，针对不同的使用者提供多样的城市功能，满足旅客和市民的需求。

交通协同

图 4-14 纽约大中央车站

客站地区要处理好各动线的关系以提升通行效率、优化步行环境。根据进出站交通特性调整公共交通与小汽车的优先级，确定出行结构；合理布置交通设施，控制换乘距离；发展立体交通，避免客站交通对城市交通的冲击和叠加影响；规划密集城市路网，优化宜步行街区。

形态整合

图 4-15 奥斯陆中央车站

客站地区形态整合的重点，是打造清晰明了的认知结构、集约融合的形态布局、人本尺度的体量和空间、激发活力的界面和场所。站城融合未来的发展方向，客站不必追求独立巨构和"自我"的视觉中心效果，而应与周边建筑协同，成为城市建筑群的有机组成部分。

第5章
CHAPTER 5

功能联动：客站地区
的功能配置和布局
FUNCTIONAL INTERACTION: FUNCTIONAL
CONFIGURATION AND LAYOUT OF STATION AREA

5.1 定位和功能策划

5.2 功能布局模式

5.3 客站地区功能布局

5.4 紧凑而连续的功能使用

要点提炼

（1）客站地区的定位及功能策划应结合客站规模、周边城市条件及规划发展目标综合开展。

（2）客站地区的功能配置宜结合站区的条件和特点，梳理出客站可能需要的交通功能、衍生功能、延伸功能和其他城市功能。

（3）客站地区的功能分布，宜依据不同功能的服务与辐射范围分圈层布局，具体的功能布局范围以及相应停车配套要求可参见功能适配表进行规划。

（4）客站地区应结合城市规划目标引导投资市场，厘清站与城的主次关系、主导功能及功能组织关系。

（5）依据客站地区的发展定位，在客站步行 5—10min 的辐射区内合理布局相关联的功能集群。

导引要素

要素	说明	要求	性质
铁路客站地区定位	–	明确铁路客站地区定位，如交通节点区、交通枢纽区、综合功能区、特定功能区等	引导型
主导功能和次要功能配置	–	明确铁路客站地区的主导功能，如商务办公、文化产业、商业旅游主导等	引导型
站城主次关系	铁路客站功能与城市功能在客站地区中的关系	明确铁路客站在地区内的地位，如"客站主导""站城均衡""站隐于城"的关系	引导型
功能布局模式	铁路客站地区城市功能的布局形态及模式	明确铁路客站地区的功能布局模式，如城市功能是以铁路客站为核心布局的集聚式或匀质分布的分散式等	引导型

5.1 定位和功能策划

客站地区定位

依据客站在铁路线网中的定位，高铁、城际、普速列车的客流规模，以及商务、通勤和常规出行等不同的客群特征进行客站定位，如通勤商务主导的城际站或长短途多目的出行的综合客站。

客站地区除了基本的对内对外交通，也可能在客站（综合体）内或客站周边吸纳、集聚城市功能。因此，一般情况下，客站地区作为交通节点区或交通枢纽区；特定条件下，可以结合区域或城市需求，形成特定功能区，如会展中心、商贸中心，甚至成为综合功能区，如地区中心或城市副中心。

图 5-1 铁路客站定位

城市交通枢纽区
乌得勒支中央车站地区

客站位于乌得勒支核心的区位，是荷兰最大的交通枢纽。目前每年约有 8800 万人使用该站，预计 2030 年的乘客将达到一亿人次。客站周边设有有轨电车站、公共汽车站以及全球最大的自行车停车场。

图 5-2 乌得勒支中央车站地区

区域性会议展示中心
欧洲里尔站地区

欧洲里尔站是法国北部最大的国际性高铁客站，该客站主要服务于国际欧洲之星和高铁。客站定位为"欧洲商务中心"，客站周边提供商业、商务、酒店等功能，其中有超过 15000m² 的会议与展览空间，可供企业举办会议及发布会。

图 5-3 欧洲里尔站地区

城市商业消费中心
伯明翰新街站地区

客站位于伯明翰市中心，是除伦敦以外英国最繁忙的客站。客站内包含一个大型购物中心——大中央购物中心。

图 5-4 伯明翰新街站地区

城市次中心
东京新宿站地区

新宿站是东京副都心新宿的铁路总站，被吉尼斯世界纪录认证为世界上使用人次最多的客站。新宿站有超过 200 个出入口，西出站口位于新宿新都心，是日本规模最庞大的摩天大楼集中区域，涵盖商业办公楼、城市广场、百货商店等。

图 5-5 东京新宿站地区

功能策划

客站地区的功能配置需结合客站地区的发展定位、客站的客群和周边城市需求而形成。要注意区分客站的内生功能、衍生功能、延伸功能和作为潜在的城市目的地或次中心所需的功能，形成功能的配比推演。

内生功能：客站内由出行活动串联的功能，如餐饮、休息等。

衍生功能：客站周边为旅客出行活动关联的功能，如交通服务、租车、购物、酒店等。

延伸功能：客站周边主要为旅客（特别是通勤、商务出行）提供工作、交往等特定功能，如区域总部办公区、会议博览中心、展览、贸易等，并兼顾城市居民需求。

目的地功能：客站地区为市民和旅客提供的特定功能，如消费中心、城市文化中心、商务办公区等。

图 5-6 客站功能分类

伦敦国王十字车站地区
站内拓展餐饮与零售功能吸引旅客，促进客站发展。同时利用伦敦市中心的重要区位打造独特的商业艺术空间，通过设计学院、博物馆、画廊、艺术空间等文化空间，创造新的文化地标，形成地区发展第二动力。

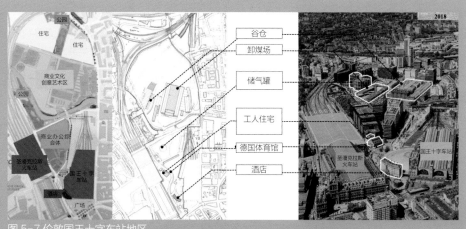

图 5-7 伦敦国王十字车站地区

东京二子玉川站地区
客站位于东京近郊，为激发城市活力，在地块内设置大型购物中心，吸引客站人流。利用立体步行廊道衔接，形成客站—商场—办公—住宅—公园的完整动线。

图 5-8 东京二子玉川站地区

5.2 功能布局模式

功能布局

针对上海用地紧凑化的发展趋势，铁路客站地区的功能分布应依据不同功能的服务与辐射范围分圈层进行高效布局。

客站贴邻区：半径 0—200m

商业价值及交通可达性要求越高的功能越靠近客站枢纽，功能高度混合，功能设置依据公共性由内向外递减。

客站抵近区：半径 200—500m

开发强度自内往外递减，功能适度混合。

客站辐射区：半径 500—1000m

以城市或客站地区的定位产业为主，功能布局相对独立。

在不同的圈层范围内，适配不同类型的城市功能。

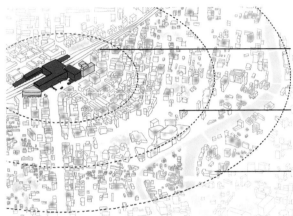

客站贴邻区：综合交通设施、商业零售、商务办公、酒店、公共服务、活动广场

客站抵近区：商业零售、商业综合体、商务办公、文化会展、公寓住宅、公园绿地、公共服务

客站辐射区：大型办公、大型商业、公寓住宅、产业研发、教育设施、公共服务

图 5-9 客站辐射范围与圈层功能示意图

表 5-1 客站地区功能适配表

功能	半径 0—200 m	半径 200—500 m	半径 500—1000 m
商业（餐饮类）	▲▲▲	▲▲▲	▲▲
商业（零售类）	▲▲▲	▲▲▲	▲▲
商业（娱乐类）		▲▲	▲▲
商业（综合体）	▲▲	▲▲	▲▲▲
酒店（中小型）	▲▲	▲▲▲	▲
酒店（大型）	▲	▲▲	▲▲▲
办公（中小型）	▲▲	▲▲▲	▲▲▲
办公（大型）	▲	▲▲	▲▲▲
文化（展览类）	▲	▲▲	▲▲▲
文化（演艺类）	▲	▲▲	▲▲▲
会议设施	▲	▲▲	▲▲▲
展示设施	▲	▲▲	▲▲▲
教育（学院、研究类）	✕	▲▲	▲▲▲
服务设施	▲▲▲	▲▲▲	▲▲
公园绿地	✕	▲▲▲	N/A
活动广场	▲▲▲	▲▲	N/A

商业（综合体）：
建筑面积 >5000 m²
商业（其他类）：
建筑面积 ≤ 5000 m²
办公（大型）：
建筑面积 >20000 m²
办公（中小型）：
建筑面积 ≤ 20000 m²
酒店（大型）：
客房数 >500 间
酒店（中小型）：
客房数 ≤ 500 间

注： ✕ 不推荐， ▲ 可建， ▲▲ 建议， ▲▲▲ 推荐，N/A无规定

轨道主导型（ > 60% 客流依靠轨道出行），客站地区开发地块停车数量按规范 40% 执行。
车轨兼顾型（< 30% 客流依靠轨道出行），客站地区开发地块停车数量按规范 70% 执行。

* 上海的四大主站客站贴邻区内功能和抵近区的商业功能鼓励按轨道主导型的要求开发，其他功能开发宜按车轨兼顾型的要求开发。一等辅站客站贴邻区内功能和抵近区的商业功能鼓励按车轨兼顾型的要求开发。

布局模式

客站地区的不同定位直接诱发客站地区有差异的城市功能群配置，同时，依据城市区位和客站特点确定站城关系和布局形态。

主次关系

客站主导 —— 客站功能成为地区主导周边城市功能多样且小规模。

站城均衡 —— 客站功能和城市功能相互平等均衡，没有特别主次。

站隐于城 —— 城市功能成为地区主导、客站功能作为支持。

布局形态

集聚式 —— 多类城市功能紧凑以客站为核心围绕布置。

分散式 —— 多类城市功能分散布置在客站地区的抵近区和辐射区。

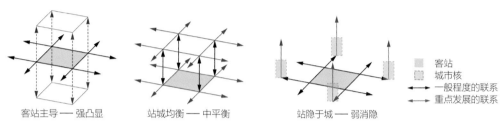

客站主导 —— 强凸显　　　站城均衡 —— 中平衡　　　站隐于城 —— 弱消隐

客站
城市核
一般程度的联系
重点发展的联系

图 5-10 布局模式示意图

公共和私人投资产生的资本市场是客站地区不同布局模式的主要动因，也是形成"站城融合"地区特色的关键力量。

客站主导布局模式

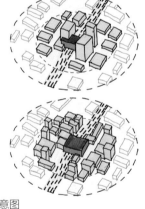

集聚模式
功能以客站为核心高强度布局，客站叠合城市功能形成综合体

分散模式
城市功能均质分布于第一圈层，客站建筑独立于城市中

图 5-11 客站主导布局示意图

在客站主导布局的客站地区中，城市功能受客站的吸引大量集聚在客站地区的第一圈层内（0—200m），客站地区成为城市的门户或地标。功能布局以客站为地区核心，客站周边成为城市资本最集中的区域，客站功能与周边功能分异明显。依据不同类别的资本集聚，客站地区可被打造为商业商务综合体、文化地标或城市开放空间等。形态上，根据城市建筑与客站建筑的形态关系，可分为集聚模式和分散模式。

集聚模式

京都站：客站综合体集合铁路、地铁、酒店、百货商业、餐饮、文化设施、空中花园、停车场等功能，客站面积仅占建筑总面积的5%。

图 5-12 京都站地区

分散模式

东京站：客站保留历史悠久的丸之内站房及文化广场，利用地下街将铁路客流引导至周边城市，形成以客站为核心但功能分散的地区形态。

图 5-13 东京站地区

站城均衡布局模式

集聚模式
城市功能以客站为核心聚集，客站和城市功能的规模体量相当

分散模式
城市功能均质分布于客站周围

图 5-14 站城均衡布局示意图

站城均衡的布局模式中，客站地区的城市功能平均分布在第一圈层与第二圈层内（0—500m）。客站地区整体开发强度较高，客站与城市功能灵活衔接，有助于发挥客站周边土地的多元价值。

城市形态上，客站作为交通枢纽节点具有一定的独立性，但与其他城市功能有直接关联。其中也可分为以客站为核心高强度开发的集聚模式，以及客站与城市功能相对分离的分散模式。

集聚模式
伦敦利物浦街车站：客站通过植入 46hm² 的新商务区、零售和餐厅等，从单一功能区发展为功能复合、充满活力的伦敦市中心区。

图 5-15 伦敦利物浦街车站地区

分散模式
东京新宿站：客站为修复地区的城市割裂在更新过程中增加了公共穿越廊道以及立体连廊，使客站交通功能与其他城市功能相交，提高整合度。

图 5-16 东京新宿站地区

站隐于城布局模式

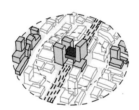

集聚模式
客站融合在城市核心建筑群中

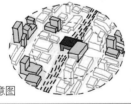

分散模式
城市核心功能散布在客站外围

图 5-17 站隐于城布局示意图

站隐于城的布局模式中，客站消隐于城市当中，客站地区以城市功能空间为核心，商业、办公、文化等功能主要分布在客站地区外围（200—500m）。

站隐于城布局模式适宜客站交通身份淡化且客站周边的城市功能开发高度成熟的地区。消隐的客站布局有助于该城市地区多元价值发展。形态上分为客站与城市核心建筑结合的集聚模式和客站与城市功能独立布置的分散模式。

集聚模式
东京涩谷站：地区再开发后，客站成为城市综合体的一部分，城市功能垂直进行叠合开发。客站地区成为功能丰富、极富活力的区域。

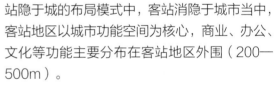

图 5-18 东京涩谷站地区

分散模式
纽约大中央车站：客站位于地下，客站周边地区进行高密度开发，使客站地区成为纽约最具多元价值与吸引力的城市场所。

图 5-19 纽约大中央车站地区

5.3 客站地区功能布局

上海铁路客站地区应坚持土地集约利用，依据客站所在区位（主城区的中央活动区、副中心、地区中心以及新城等）不同的情况，更紧凑地布局客站和外部空间，规划预留城市功能融入的土地或空间。

客站综合开发中的建筑面积功能占比

随着站城功能互动需求的不断增加，国内铁路客站综合开发中城市功能占比在不断提升，站房面积占比逐渐减少，与国外客站配比逐渐接近。

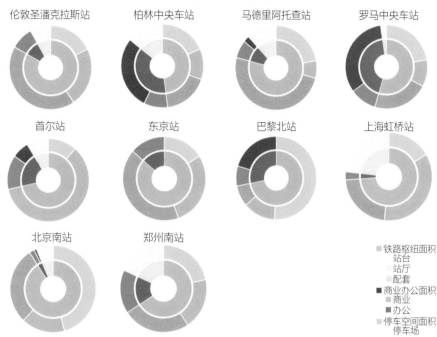

图 5-20 客站功能占比

国内客站地区用地布局

铁路客站用地紧凑化，适度扩展客站综合开发用地已成为趋势。客站地区应根据其不同的定位，增加商务商业等其他相关城市功能用地，如杭州西站地区、北京城市副中心站地区、郑州南站地区在客站周边规划都存在混合功能用地。

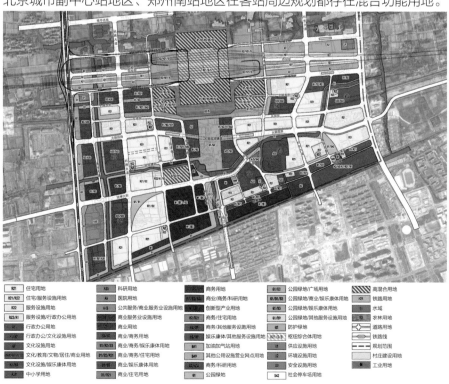

图 5-21 杭州西站地区用地规划图

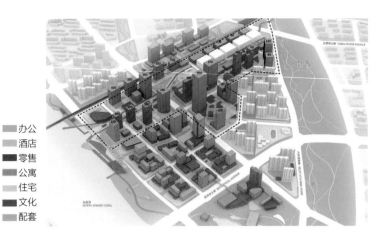

办公
酒店
零售
公寓
住宅
文化
配套

图 5-22 北京城市副中心站功能体量规划图

国外城市客站地区用地情况

站城融合发展的客站地区在 500m 范围内土地价值最高，但不同客站依据所在城市规模、客站区位，结合原有地脉文脉的基础和市场需求，可以呈现有差别的土地开发强度和功能利用。对于不同的融合发展模式，国外发展成熟的客站地区案例可供参考。

大城市的客站地区　　在能级和规模较大的城市中，客站周边通常以商业和办公功能混合布局。

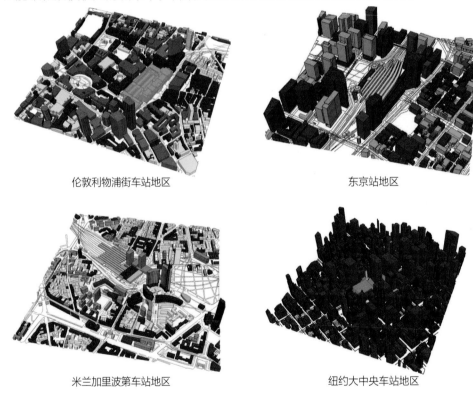

伦敦利物浦街车站地区　　　　　　　　　　东京站地区

米兰加里波第车站地区　　　　　　　　　纽约大中央车站地区

中小城市的客站地区　　在能级和规模较小的城市中，客站核心区通常集聚少量商业及办公功能，外围则以居住功能为主。

图例
商业
办公
商办混合
居住
酒店
公共服务
文化设施
交通设施

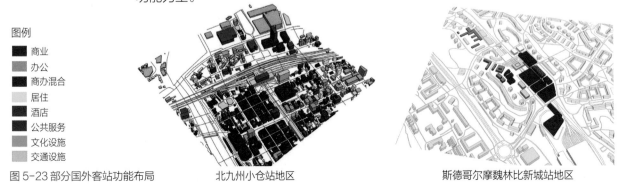

图 5-23 部分国外客站功能布局　　　北九州小仓站地区　　　　　斯德哥尔摩魏林比新城站地区

以日本为例，不同规模、区位和类型的客站周边功能用地存在差异。在客站周边地区的功能规划过程中，除了保证用地紧凑，在功能规划选择上需要结合市场需求、当地文脉、客站规划等因素综合考虑。

城市副中心的客站地区

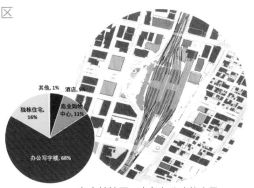

东京站地区—商务办公功能主导
日均客流量：49.5万人次（JR线）+15.6万人次（地铁）

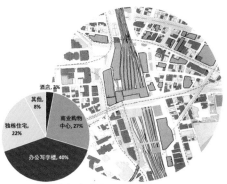

东京新宿站地区—商务商业功能主导
日均客流量：74.3万人次（JR线）+99.1万人次（其他铁路）+34.9万人次（地铁）

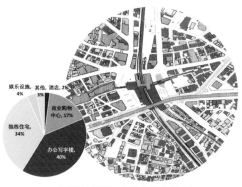

涩谷站地区—商务商业功能主导
日均客流量：41.2万人次（JR线）+78.2万人次（其他铁路）+22.7万人次（地铁）

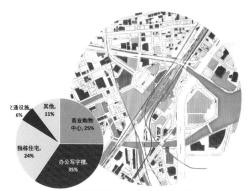

横滨站地区—文化产业功能主导
日均客流量：40万人次（JR线）+84.1万人次（其他铁路）+6.6万人次（地铁）

特别功能区的客站地区

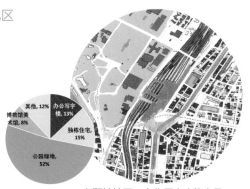

上野站地区—文化历史功能主导
日均客流量：18.3万人次（JR线）+21.2万人次（地铁）

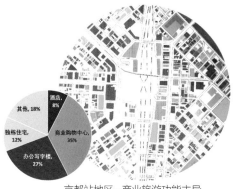

京都站地区—商业旅游功能主导
日均客流量：52.3万人次（JR线）+8.1万人次（其他铁路）+10.9万人次（地铁）

中小城市的客站地区

图例
- 办公写字楼
- 行政办公
- 文化设施
- 公园绿地
- 酒店
- 宗教建筑
- 商业购物中心
- 教育机构
- 医疗机构
- 独栋住宅

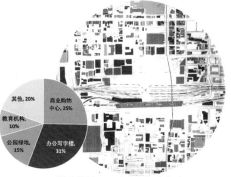

札幌站地区—商业文化功能主导
日均客流量：9.3万人次（JR线）+8.5万人次（地铁）

博多站地区—商业文化功能主导
日均客流量：11.3万人次（JR线）+1.9万人次（其他铁路）+7万人次（地铁）

图5-24 部分日本客站地区用地面积构成

5.4 紧凑而连续的功能使用

上海铁路客站地区的城市设计应坚持从旅客和市民双重使用者的情况出发，策划站城融合导向的功能使用模式和布局策略。

客站地区功能使用模式分类

依据不同的使用目的，从使用者角度出发，对于客站的使用可分为 4 类模式。

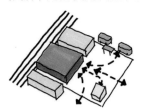

旅客仅使用客站（不停留）

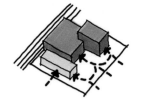

旅客使用客站及相关功能（衍生）

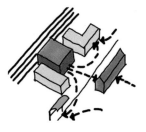

旅客和市民使用客站及周边功能（延伸）

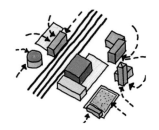

市民和部分旅客使用城市功能（目的地）

客站地区功能分布策略

宜步行的功能布局范围

依据行人的步行习惯，建议客站的宜步行范围在以客站出入口为原点、半径 500—1000m 以内（步行 10—15min），其中半径 500m 内为高可达步行范围。在宜步行的范围内，建议客站周边不同类型的功能集群采用不同的分布策略。

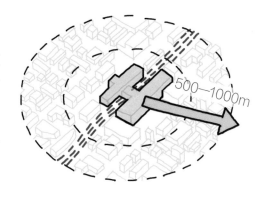

竞争型功能集群分布

客站地区内功能相近或存在竞争的同类业态，如不同品牌的便利店或餐饮店，建议以小组团的形式在地区内匀质分布。既确保相同业态的集聚发展价值，也确保功能能够完整覆盖客站地区。

链条型功能集群分布

客站地区内有存在使用关联的功能业态，例如旅客：酒店—便利店—餐饮的使用，上班人群：办公场所—餐饮的使用。对于具有使用相关性的业态在符合功能布局区位的前提下，建议沿客站地区的步行流线方向呈线性布置。

日常型功能集群分布

旅客及城市居民都需使用的日常功能建筑及设施，如商业、餐饮、交通类设施，需布置在城市及客站都能步行可达的位置。

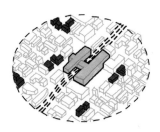

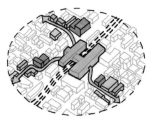

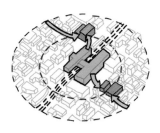

图 5-26 客站周边功能布局示意图

图 5-27 重庆沙坪坝客站地区

第6章
CHAPTER 6

交通协同：客站地区的机动交通和步行
TRANSPORT SYNERGY: VEHICLE TRANSPORT AND WALKING IN THE STATION AREA

要点提炼

（1）建议主城区外的客站地区采取轨道交通与机动交通并重的出行结构，而主城区内的客站地区则以轨道交通为主要出行方式进行布局。

（2）客站地区应充分考虑步行友好以及与轨道交通换乘的便捷，对于中小型客站可兼顾骑行交通，机动交通组织中应优先考虑公共交通。

（3）客站地区的动线组织宜依据客站的开发强度选取平面或立体或综合方式，并注重客站与城市地块之间的衔接。

（4）客站地区优先考虑引入轨道交通，满足客站的快速集散和周边城市功能的出行需求，兼顾站城的地铁站位布置，并依托地铁站点衔接站区步行系统。

（5）客站地区的机动交通设计需要兼顾多种交通的通畅和站城功能之间的便捷步行衔接，应尽量减少客站专用机动车道对城市造成的切割与隔离。

（6）客站地区可根据步行活动的需求构建步行区域及其路网，并注重设置步行所需的配套设施。

（7）新建及更新客站地区在交通组织规划过程中，宜开展近远期出行结构的交通承载力评估，包括机动车交通评估、步行可达性评估以及交通流线分析，并通过交通承载力数值推算相匹配的地区开发强度。

导引要素

要素	说明	要求	性质
铁路客站步行区域	铁路客站周边以步行为主导交通方式的区域	铁路客站200m范围内为步行区域	引导型
轨道交通站点出入口	客站配套设置的轨道交通站点出入口	设置在距离铁路客站100—150m范围内	引导型
自行车停车场	铁路客站配套的自行车停车场	设置在距离铁路客站200m范围内	引导型
公共交通落客点	铁路客站地区内公交车、出租车落客点	设置在距离铁路客站100—150m范围内	引导型
小汽车落客点	铁路客站配套的小汽车落客点	适配不同铁路客站规模，设置在距离铁路客站100—150m范围内	引导型
小汽车短时停车场	铁路客站配套的小汽车短时（<3h）停车场	设置在距离铁路客站150m范围外	引导型
小汽车长时停车场	铁路客站配套的小汽车长时（24h）停车场	设置在距离铁路客站300m范围外	引导型

6.1 出行方式和出行结构

客站地区的交通组织需要根据客站的发展定位进行合理配置，并结合城市的出行情况确定可行的出行结构及容量。

图 6-1 客站与城市的交通组织示意图

出行方式

客站地区的出行包括了客站旅客的到发集散以及本地区市民日常出行，出行方式主要包括：

轨道交通：地铁、轻轨以及有轨电车等。

公共交通：公交车、长途巴士和旅游巴士等。

小汽车交通：网约车、出租车、私家车和社会车辆。

骑行交通：自行车及电动自行车。

步行交通：在街道和广场以及非地面的步行区域。

出行结构

出行结构是描述不同出行方式在总出行中的占比情况，客站地区的出行结构特征对地区站城融合具有关键作用。

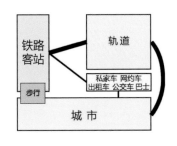

机动交通主导

客站地区的出行以小汽车为主的机动交通所主导，造成这种情况往往有多个原因：铁路客站地处城市边缘，公共交通未同步建成营运；旅客群体以携带行李较多的长距离出行人群为主；客站地区缺乏对公共交通的鼓励政策和鼓励性规划设计。

以机动交通主导的出行结构，对客站地区的功能和规模具有很强的抑制作用。上海铁路客站地区应坚持近期轨道交通，公共交通和机动交通并重，中远期主城区内的客站地区以轨道交通主导的出行目标。

轨道交通主导

客站地区主要依靠以轨道交通为主的大运量快速公共交通出行。轨道交通除了能够快速集散铁路客站的大客流，也可以为客站地区城市功能的市民通勤、消费等日常活动提供便捷出行，为客站地区高能级高强度的"站城融合"建设提供关键的支撑，例如我国香港西九龙高铁站地区和日本的二子玉川站地区。该模式宜成为上海主城区及重点区域客站地区的发展目标。

轨道交通与机动交通并重

由小汽车为主的机动交通和城市轨道交通均衡分担的出行方式，可以满足客站地区不同的出行习惯，调节大型客站高流量客群以及周边城市功能诱发人流的峰谷出行需求。该模式下仍需强化客站地区对公共交通优先的规划设计和交通政策，如我国重庆的沙坪坝站和美国的纽约中央客站。

上海主城区外的客站地区应尽可能采用该模式。

图 6-2 出行结构示意图

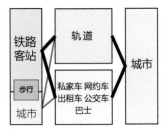

图 6-3 客站地区示意图

出行流量

从出行结构分析，铁路客站地区的客流包括乘坐火车到达和出发的旅客以及从城市到达客站地区的人流量，具体为：

铁路客站地区人流量 = 铁路客站到发旅客量 + 城市日常人流量

6.2 优先权和动线组织

优先权

交通组织包含了不同的交通动线，而不同的交通动线在实际运转时往往会在空间上形成竞争关系，例如人行与车行的空间争夺。在客站地区的交通设计中，可以通过设置多种交通方式到达铁路客站不同的优先权（便利程度），来调节客站地区交通出行结构。

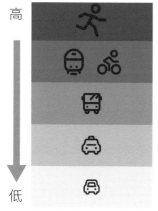

高

低

图6-4 出行方式优先级示意图

出行方式的优先级

客站地区站城融合目标的实现首先应充分考虑步行优先；其次是与步行密切连接的轨道交通，中小型客站可兼顾骑行交通；再次，在机动交通中优先考虑公共交通，如公交车、旅游巴士、出租车；最后是网约车和私家车。

依据客站规模采取不同的优先模式，例如客站规模较小的客站会出现多种交通方式在同一优先级的情况，或是在公共交通尚不发达的站区形成机动交通暂时优先的过渡模式。

不同定位的客站地区需要配置不同的优先模式，如在高密度的城市中心地区客站配合城市进行立体化布局，促使站点的交通出行相应形成优先级接近的模式。

交通设施布置

参考国内外站城融合程度较高的铁路客站案例周边交通设施布置方案，提出以客站出入口为圆心的周边交通设施布置范围建议值。

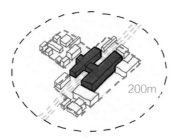

步行区域（无车区/少车区）≥ 200m

乌得勒支中央车站

站房、车站广场及周边建筑围合限定的空间被规划为步行区域，不鼓励社会车辆（私家车）进入。

图6-6 乌得勒支中央车站

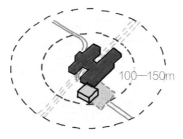

轨道交通站点出入口范围 100—150m

大阪站、梅田站

大阪站与梅田站相邻，梅田地铁站位于2个客站的中间，以保证2个客站都能便捷换乘。

图6-7 梅田地铁站入口

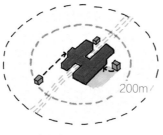

自行车停车场 ≤ 200m

图6-5 交通设施布置示意图

乌得勒支中央车站

客站在二层广场下方设置大型立体自行车停车场，能够停放15000辆自行车。

图6-8 乌得勒支中央车站自行车停车库

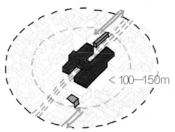

公共交通落客点 < 100—150m

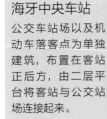

海牙中央车站

公交车站场以及机动车落客点为单独建筑，布置在客站正后方，由二层平台将客站与公交站场连接起来。

图 6-9 海牙中央车站

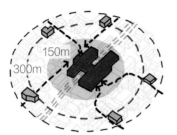

小汽车落客点 < 100-150m
小汽车短时停车场 > 150m
小汽车长时停车场 > 300m

苏黎世中央车站

客站仅设置少量短时停车位不设置机动车停车场（库），主要依靠客站周边的大型商场车库共享及临街停车道提供车辆停放。

图 6-10 苏黎世中央车站

动线组织

客站地区的动线包括步行、自行车、公交车、小汽车（包括出租、网约车、私家车）等，应依据客站周边地区的开发强度以及交通出行优先权进行动线组织和交通设施布置。

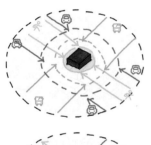

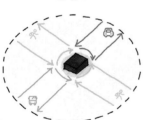

图 6-11 平面动线组织示意图

平面动线组织

中低强度开发的客站地区适宜选择平面的动线组织。依据出行方式的优先级由近至远布局交通工具的落客点（区）及其动线，或将不同的交通动线进行空间划分，分区域布局不同交通方式工具的落客点（区）及其动线。

图 6-12 鹿特丹中央车站

鹿特丹中央车站

客站为平面动线组织，步行、车行、轨道交通均可到达站点。其中车行道只设置在南面，电车站点设置在东面，西面为步行道直接连接城市建筑，从而达到平面上的动线分离。

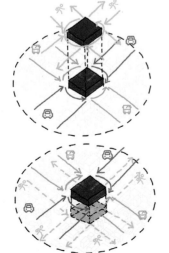

图 6-13 立体动线组织示意图

立体动线组织

高强度开发的客站地区宜采用立体动线布置，将不同优先级的交通动线安排在不同层面同时贴近客站，如改变步行动线的布局层面，形成地下步行网络或二层的步行网络。

图 6-14 东京站地下街

东京站

东京站通过建设地下步行网络，将客站地区步行人流引至地下，地面留给机动交通，形成立体高效的动线体系。地下步行网络与零售商业结合形成了多个高人气的综合商业街区。

6.3 轨道交通

上海市的铁路客站地区均已建设或规划引入城市轨道，但在轨道交通站点的布局和衔接上应注重站城融合的效果，既要满足铁路客站的快速集散也要便于周边城市地区的出行。

布局策略

TOD 导向的站位布置

轨道交通的站位布置应兼顾客站便捷联通和促进城市发展的双重需求，提倡兼顾站城的轨道交通站房及出入口布局。其中可以适当增加出入口，直接或利用通道接驳铁路客站，使轨道交通站点 500m 辐射范围得到最大化的利用。轨道交通站位应避免设置在铁路客站内部，同时也要注意城市通勤客流和客站旅客流的对冲。对于交通性极强的铁路枢纽，地铁站点宜分散成组布局，避免轨道换乘的叠加人流；对于中小型铁路客站，应充分发挥地铁的 TOD 带动作用，布局上兼顾站（交通）城（发展）的需求。

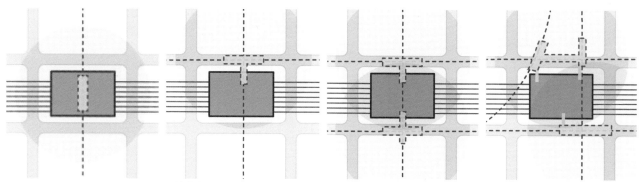

站点布置在客站内部，适用于轨道交通线路较少的站点，站位有利于铁路旅客出行，但不利于周边城市使用。

站点布置在客站一侧，适用于轨道交通线路较少的站点，布局兼顾城市和铁路客站的需求。

站点布置在客站两侧，适用于轨道交通线路较多的站点，布局兼顾城市和铁路客站的需求，避免客流过度集中在客站中的情况。

站点布置在客站外部，利用地上地下通道与客站衔接，布局有利于带动周边城市发展，略微增加铁路旅客的换乘距离。

图 6-15 轨道交通站点布置示意图

重庆沙坪坝站

客站位于城市副中心区，周边规划布局 3 条地铁线，其中 9 号线与铁路客站结合建设，确保近期铁路旅客换乘便捷。1 号线和环线站点则在北部布局，主要带动北侧城市发展（三峡商圈），兼顾铁路。

图 6-16 重庆沙坪坝站地区轨道交通布局

深圳福田站

客站位于城市中心区，5 线 4 站的城市轨道均布局在铁路客站外，步行至铁路站厅距离在 100—500m 之间。地铁站点既能便捷地与铁路换乘，也能辐射福田中心区的金融、商业、会展、文化等核心城市功能片区。

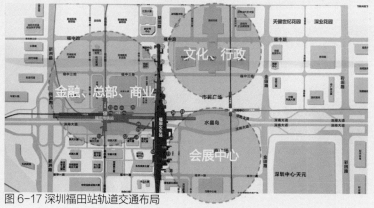

图 6-17 深圳福田站轨道交通布局

衔接策略

依托地铁建设步行系统

在高强度客站地区，地铁站或轻轨站可以作为重要节点，宜形成穿（跨）越铁路站场联系铁路两侧并串联不同城市功能和客站的有顶盖步行系统，提高城市与交通站点之间的人流输送。

图 6-18 斯德哥尔摩中央车站地区

斯德哥尔摩利用立体的地下步行廊道，将中央火车站、汽车站、地铁站串联在一起。

图 6-19 东京品川站的有顶盖步行连廊系统

品川站东口采用二层有顶盖步行连廊系统将客站与其周边的商业及办公建筑相连，并在连廊下方设置城市花园供市民休憩。

6.4 机动交通

面向站城融合的客站地区机动交通组织，应在合理组织交通接驳的同时，因地制宜地采用不同策略，弱化机动交通对客站的孤岛化效应和站城分割影响。

优化道路
避免专用道路的切割影响

客站地区往往为服务快速进出站的机动交通，设置了大流量客站专用地面或高架道路，从行为和视觉上形成了客站与城市之间的切割。对于地面专用道路宜采取局部地下化，消隐站城分割，如柏林中央客站在站侧设置地下车行隧道疏导车流量来保持地面街道步行友好；也可设置二层连续步行区连接客站与城市空间，如东京二子玉川站。客站地区尽可能减少大尺度专用道路对地区的割裂影响，如纽约中央车站可以通过缩小高架道路尺度方式化解高架道路对城市交通的影响。

图 6-20 纽约中央车站地区

织补路网
织补站区的小街密路网

对于城市中高强度开发的客站地区，建议站区街坊（除紧邻铁路的街坊以外）尺度在 100—150m，适宜机动交通慢速化与步行和骑行共享街道，而必需的专用快速道路通过立体化布置加以消隐化，形成快速道路和城市日常交通的互不干扰。

图 6-21 伯明翰新街站地区
在铁路上方架设高架道路，使城市街道网络贯通，不被铁路打断。

图 6-22 巴黎圣拉扎尔火车站地区
在铁路上方架设立体交叉路口，使周边街坊保持完整。

立体交通
平衡客站和城市的交通出行

小型的独立客站和周边低强度开发可以通过小尺度密路网协调站城交通出行，而大中型客站可以在快速公交或轨道交通基础上，通过小尺度密路网和客站局部的立体道路调节站城的交通出行。对于大型客站和高强度开发则需要在轨道交通支持下，增加立体道路来协调站与城的交通出行。车行道路的供给容量很大程度受到轨道交通和快速公交的影响，同时，尽可能减少客站地区的专用停车数量。

图 6-23 东京新宿站西口
采用了地下小汽车到发与地面公交相结合的集约化立体道路系统。

图 6-24 深圳北站东广场
出租车和公交车场集中布局于两个建筑体量内，形成紧凑的立体车场，并通过单向匝道接入城市干道。

机动车交通的近远期组织
近期机动交通的客观需求与远期高品质步行环境的统筹

一方面，铁路客站建设工程量大且周期控制严格，配套的公共交通设施往往无法全部同期完成；另一方面，随着上海市机动车保有量的增加，高铁等时间敏感型客群需要机动车的快速到达。因此，在规划设计阶段需要统筹考虑近远期机动交通的平衡、预留改造可能性，近期应满足机动车快速集散需求，通过流量评估和工程预留，做好远期优先公交路权、步行环境和功能提升的预案。

首尔站

随着客站地区的发展和公共交通供应水平提升，韩国首尔站北侧的机动车跨线高架桥被改造为步行景观桥，从原本割裂站区的车行通道转变为改善站区环境、提升生态景观的重要步行系统。

2012 年　　　　　2022 年

图 6-25 首尔站地区

上海松江站

上海松江站根据流量评估，近期采取双侧车道边布局，满足车行需求。远期预留将东侧车道边改造为步行景观轴的可行性，且在东北角设置立体步行核，衔接城市和客站的空中步行系统。

远期东侧落客车道边改造预留

立体步行核衔接客站和城市空中步行

图 6-26 上海松江站

6.5 步行活动

客站地区步行化是站城融合的基础，应在设置基础步行区的条件上，根据各自定位情况，设置扩展步行区或地区的步行系统。

基础步行

满足便捷换乘的基础步行区

最基本的步行要满足客站旅客与多种城市交通之间的转换。在独立的铁路客站或客站综合体中，换乘通常在客站或综合体内部进行，偶有跨（穿）越城市道路的情况。

图 6-27 柏林中央车站的立体换乘系统

扩展步行

结合客站衍生、延伸和目的地功能的扩展步行区

当客站地区成为交通延伸的功能集聚地，如会议展示区、城市活动区或商业贸易区等，基础步行区也需要延伸至相应功能片区中的建筑体和公共空间，同时，为缝合铁路和客站对两侧城市的割裂，需要在客站内部或外部增设城市步行通廊，这种延伸和增设形成扩展步行区，其中宜设置商业文化或观景要素来增进步行友好性，扩展步行区可以成为与城市交通换乘的新纽带。

图 6-28 科隆中央车站与科隆大教堂之间的道路上盖广场

步行系统

促进站城深度融合的有顶盖步行系统

客站地区作为城市公共活动区或次中心的情况下，会带动大规模城市开发和公共交通设施建设，需要以城市轨道车站为核心，建立连接铁路客站与地区多种功能体及公共空间的有顶盖步行系统。步行系统的实现形式包括地下、空中或是结合地形呈现多维基面，注意在宜步行范围内（<1500m）向公众 24h 开放。在步行区域内宜鼓励设置零售、餐饮、文化等小型店铺和公共空间，激发城市活力，而在客站贴邻区（<200m）应注意旅客换乘等刚性的步行动线与城市人群弹性的步行动线之间的协调。

图 6-29 东京品川站有顶盖步行连廊

图 6-30 东京站八重洲出口地下的一番街，既是连通枢纽的连廊，也是购物街。

6.6 承载力评估和多动线评估

城市开发承载力

基于相同的城市路网和铁路客站客流量条件，构建不同地铁分担率条件下的客站地区承载力评估模型：采用时空消耗计算方法，获得路网的最大承载力（即最大服务人数）。针对 0、30%、70% 地铁分担率的情况，评估客站地区可开发容量，相对应的站区可承载开发容量比值为 1：1.7：2.5。

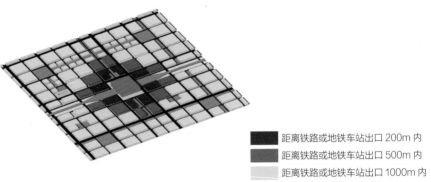

距离铁路或地铁车站出口 200m 内
距离铁路或地铁车站出口 500m 内
距离铁路或地铁车站出口 1000m 内

图 6-31 100% 道路出行城市开发承载示意

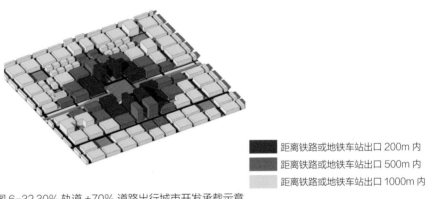

距离铁路或地铁车站出口 200m 内
距离铁路或地铁车站出口 500m 内
距离铁路或地铁车站出口 1000m 内

图 6-32 30% 轨道 +70% 道路出行城市开发承载示意

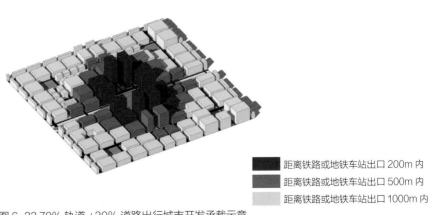

距离铁路或地铁车站出口 200m 内
距离铁路或地铁车站出口 500m 内
距离铁路或地铁车站出口 1000m 内

图 6-33 70% 轨道 +30% 道路出行城市开发承载示意

交通承载力评估

开展交通承载力评估，需结合客站地区土地使用规划方案进行。客站地区交通需求是客站相关客流和城市多种功能产生客流的叠加。客站相关客流基于铁路客流数据进行预测，城市客流根据规划用地功能、业态和建筑面积利用高峰小时出行率进行估算。分析站城客流出行特征，在二者叠加交通最不利时段内，重点对公共交通、道路交通承载力开展评估。在不同方式划分场景下，将交通量分配至客站地区规划公交网络和道路网络，评估客站地区交通承载力，并对客站地区城市物业开发规模和交通设施配套提供合理化方案。

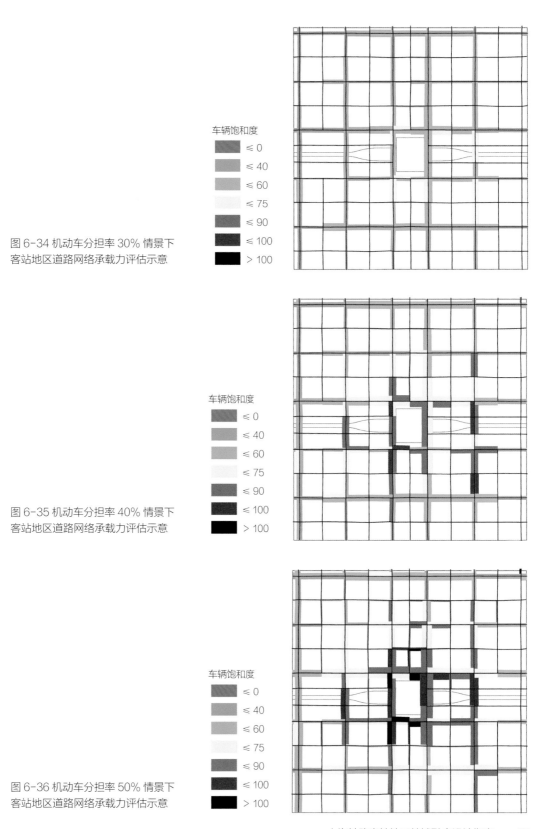

图 6-34 机动车分担率 30% 情景下
客站地区道路网络承载力评估示意

图 6-35 机动车分担率 40% 情景下
客站地区道路网络承载力评估示意

图 6-36 机动车分担率 50% 情景下
客站地区道路网络承载力评估示意

步行交通评估

可达性

站城融合理念下，步行交通是客站地区最重要交通方式，通过对东京站和名古屋站的案例研究，高密度的步行网络和高可达的步行系统是客站地区活力提升的关键。应以客站周边 15 min 步行可达范围（一般以站点周边800m 范围）为标准，对客站地区步行交通可达性进行评估，加强对跨铁路、高等级道路等阻隔的连通水平分析，对步行交通网络提出优化建议。

上海站现状 15min 步行可达范围

东京站现状 15min 步行可达范围

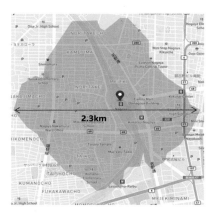

名古屋站现状 15min 步行可达范围

上海站现状慢行交通网络
（站点周边 800m 范围）

东京站现状慢行交通网络
（站点周边 800m 范围）

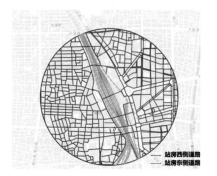

名古屋站现状慢行交通网络
（站点周边 800m 范围）

图 6-37 可达性评估示意

行人仿真

鼓励利用行人仿真软件从全出行链角度对行人交通运行进行评估，打造高效衔接的一体化出行体验。对于铁路与轨道换乘区域等人流密集区域开展多方案评估，优化换乘区域设施布局。

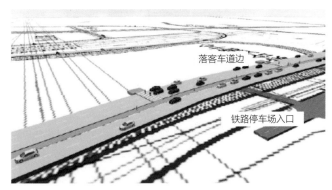

图 6-38 行人落客后进入枢纽的仿真示意

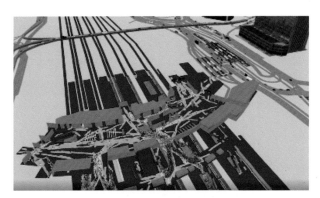

图 6-39 行人换乘区域仿真示意

城际站传统安检场景 　　城际站与地铁安检互认场景 　　城际站采用安检互认及人脸识别技术场景

图 6-40 旅客安检场景模拟示意

机动车交通评估

方案评估

快速集疏运系统为客站地区提供灵活、高效的交通集散服务，但会对片区用地开发带来一定影响。在设计快速集疏运系统时，应综合多环境因素进行方案评估，应与其他廊道合并布设（如绿带、铁路），减少对客站地区整体空间环境的影响。

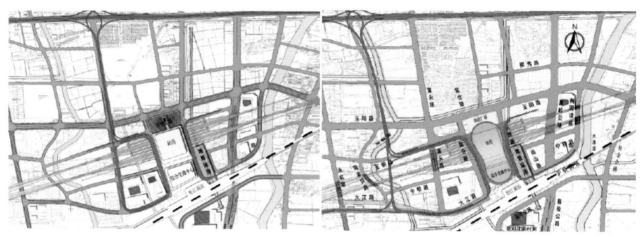

图 6-41 松江枢纽集疏运系统比选方案 　　　　　　　　　图 6-42 松江枢纽集疏运系统推荐方案

运行评估

应结合客站地区道路系统方案，开展机动车交通运行评估。重点对落客车道边、各停车场站出入口、周边路网交叉口、集疏运进出匝道等关键系统节点的服务水平进行评估，识别拥堵潜在风险点，优化设计方案。

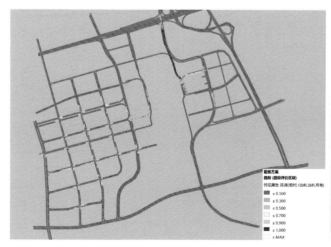

图 6-43 客站地区区域交通仿真模型示意 　　　　　　图 6-44 客站地区集疏运系统及落客车道边仿真模型示意

交通流线评估

应根据客站地区交通系统布置方案，分车种、分目的地对交通流线进行叠加分析，减少机非冲突、保障公交和慢行优先。结合宏观交通模型，对客站交通和城市交通机动车分布进行叠加，合理分流站城交通，减少冲突和叠加影响，提升区域整体出行效率。

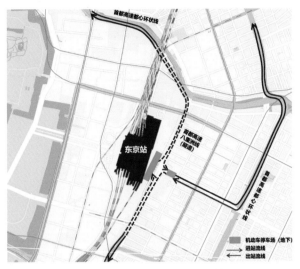

社会车辆进出站流线（快速系统）

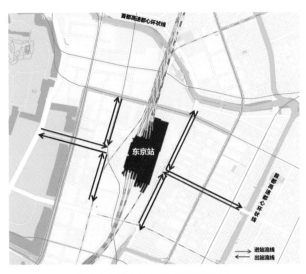

社会车辆进出站流线（地面系统）

出租车、公交、大巴出站流线

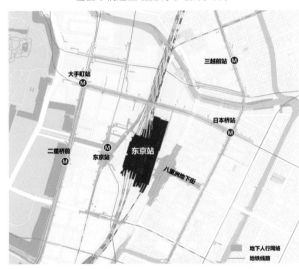

地下人行网络

图 6-45 东京站交通流线

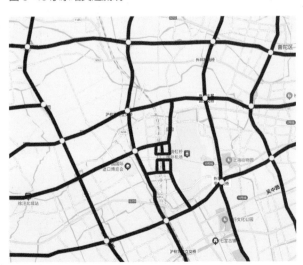

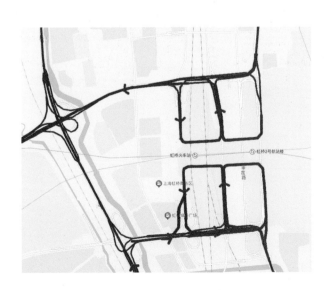

图 6-46 虹桥站周边集疏运系统

图 6-47 广州白云站地区

第 7 章
CHAPTER 7

形态整合：客站地区
的形态组织和场所
FORM INTEGATION: THE ORGANIZATION OF FORM
AND PLACE OF RAILWAY STATION AREA

7.1 清晰明了的形态认知结构

7.2 集约融合的形态布局

7.3 协调宜人的体量和空间

7.4 激发活力的界面和场所

要点提炼

（1）客站地区应形成清晰明了的形态结构，便于方位认知和整体形象塑造。

（2）形态布局以集约融合为导向。鼓励在客站安全的前提下，融入步行街（通廊）等城市空间；提倡高密度开发；鼓励以步行为纽带，整合道路、（站前）广场、站房和城市建筑、景观等。

（3）在空间尺度上，以人本视角为出发点。协调并化解巨构化建筑体量感；站前广场应人车分流，组织宜人的集散和公共活动空间；化解过宽车道的切割影响，主要步行街道宜设置连续的街墙。

（4）在场所塑造上，以城市活力为目标。客站与城市建筑应以公共空间为中心，通过混合功能和多元形式促进活力；可根据实际情况引入文化艺术、场景体验、特色景观和历史记忆等，促进公共活动。

导引要素

要素	说明	要求	性质
铁路客站与城市融合模式	--	非（副）中心区、小型客站：联通型 （副）中心区、大型客站：交织型 （副）中心区、中小型客站：叠合型	引导型
站区路网密度	1000m范围内，含公共街坊路	主城区、中长途客运为主客站：≥8 km/km² 主城区、中短途通勤为主客站：≥10 km/km² 新城（副）中心、中长途客运为主客站：≥6 km/km² 新城（副）中心、中短途通勤为主客站：≥8 km/km²	引导型
穿越铁路的城市道路间距	1000m范围内含公共街坊路	主城区客站：≤600m 新城（副）中心、中长途客运为主客站：≤800m 新城（副）中心、中短途通勤为主客站：≤600m	引导型
穿越客站/铁路的城市步行通道间距	500m范围内，指24h开放、净宽≥6m的**城市公共通道**	主城区、中长途客运为主客站：≤250m 主城区、中短途通勤为主客站：≤150m 新城（副）中心、中长途客运为主客站：≤350m 新城（副）中心、中短途通勤为主客站：≤250m	引导型
步行广场尺度	针对站前和站侧的广场	单个广场面积宜≤hm² 长边宜≤150m（普速客站宜采取弹性广场）	引导型
界面连续度	针对主要步行活动街道（如商业街）和站前广场	界面连续度≥70%，站前广场至少保持2个方向的围合界面	引导型

7.1 清晰明了的形态认知结构

全局的形态框架

客站地区的形态组织需要依托更大范围的格局和站区的整体构想。清晰的形态结构便于组织客站地区的持续发展，有利于帮助旅客、市民建立明确的视觉认知和寻路指引。

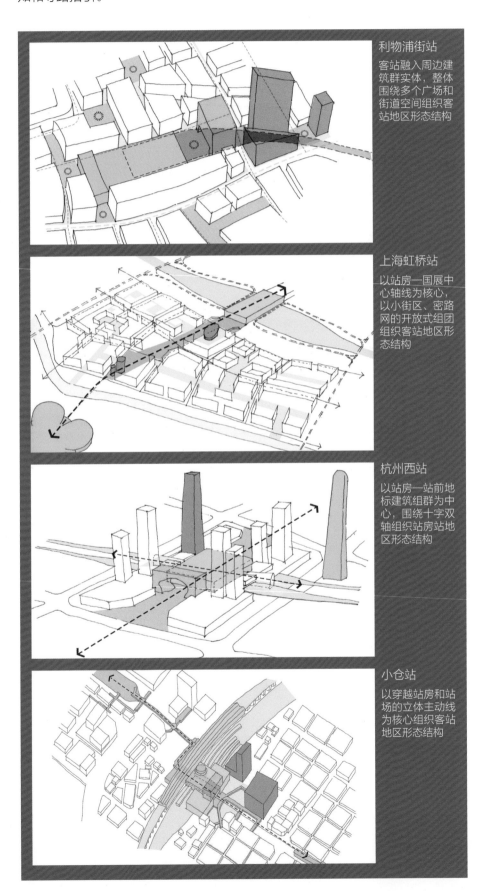

利物浦街站

客站融入周边建筑群实体，整体围绕多个广场和街道空间组织客站地区形态结构

上海虹桥站

以站房—国展中心轴线为核心，以小街区、密路网的开放式组团组织客站地区形态结构

杭州西站

以站房—站前地标建筑组群为中心，围绕十字双轴组织站房站地区形态结构

小仓站

以穿越站房和站场的立体主动线为核心组织客站地区形态结构

图 7-1
不同类型的客站地区形态结构组织

图 7-2 南京站与玄武湖和城市主要发展区的大格局关系

图 7-3 乌得勒支中央车站位于新老城交界处，作为衔接城市发展区的节点

两种主要的客站地区形态结构组织方法

这里的形态结构指的是公共空间（虚体）和建筑（实体）共同形成的整体三维形态关系，是人们认知一个地区的主要媒介。

客站地区设施多样、动线复杂，站城融合需要突出客站和城市主要空间对旅客、市民的视觉引导，形成主次分明、结构清晰的整体形态，便于人们在站区辨识方向、空间定位，同时形成有特色、可记忆的站区整体形象。以公共空间和建筑实体（站城综合体）为组织骨架是两种主要的设计方法。

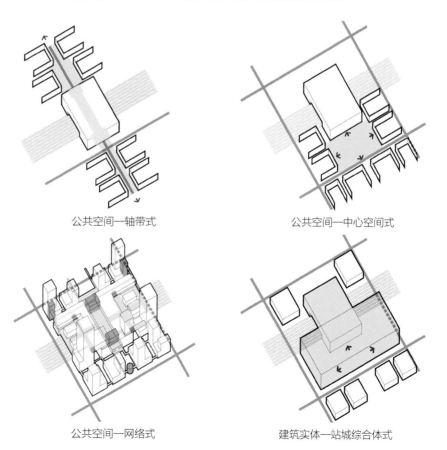

公共空间—轴带式

公共空间—中心空间式

公共空间—网络式

建筑实体—站城综合体式

图 7-4
客站地区形态结构组织方法图示

公共空间作为组织骨架

公共空间是最重要的活动场所，围绕广场、街道、通廊等组织站城的形态秩序和活动动线，主要表现为 3 种模式。

轴带式：具有强烈指向性和空间延伸性。公共空间组成的轴带可以是直线、折线为主的几何形，更具视觉秩序；也可以是自由曲线，体验丰富、应用灵活。

图 7-5 东京二子玉川站

中心空间式：客站和周边建筑一起围合限定广场，具有明显中心性和昭示性。

图 7-6 威尼斯站

网络式：在立体或平面上组合了"轴带式"和"中心空间式"，通过"城市核""交通核"等空间节点及步行路径，形成联结站城的公共空间网络。

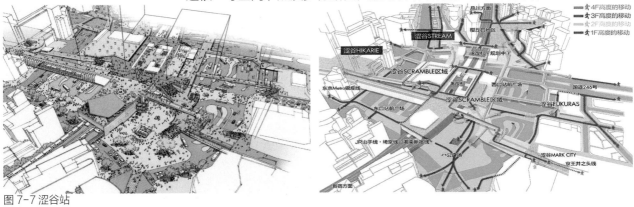

图 7-7 涩谷站

站城综合体作为组织骨架
客站与城市功能整合形成"站城共享"的综合体或组群，成为组织站城形态秩序的核心。

旧金山跨海湾换乘枢纽

柏林中央站

京都站

伦敦桥站

图 7-8
以站城综合体或组群为组织站城形态秩序核心的案例

7.2 集约融合的形态布局

站城形态的组织

在形态布局方面，站房、广场及配套交通设施应与城市既有的格局和路网形成对应关系，确保道路和慢行通道的联通、穿越等，避免站城形态各自独立。铁路客站有条件纳入城市功能的情况下，宜考虑客站局部区域向城市开放，在付费区（候车厅）外形成城市通廊（如步行街和商业街）、城市客厅等。站城形态的组织通常呈现为联通共构型、交织共构型、叠合共构型三类。

联通共构型
客站与城市通过步行街－中心广场－放射街道相互联通

客站与城市通过站内城市通廊－轴向广场相互联通

图7-9 汉诺威站（左）和阿姆斯特丹南站（右）

交织共构型
客站开放公共通道并与城市建筑共享广场

客站站厅开放为立体步行商街，与城市建筑结合

图7-10 乌得勒支中央车站（左）和巴黎圣拉扎尔站（右）

叠合共构型
利用地形高差铁路局部下埋，并在轨上上盖城市综合体和共享大厅

客站与轻轨结合，铁路上方设置城市通廊和广场

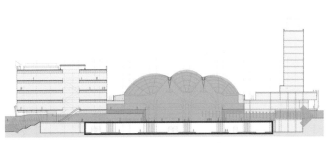

图7-11 伯明翰新街站（左）和小仓站（右）

集约紧凑的形态布局

站城融合应构建客站地区集约紧凑的形态布局，充分发挥土地和空间价值，塑造便捷而友好的客站与城市间步行联系。

宜建设小街坊密路网，减少过宽（红线 >40m）干道，提升整体路网密度和 4 车道及以下的街道占比，车辆出入口可结合具体情况布置在地下或地上层，确保慢行优先。

建筑退界宜控制在 3—5m，便于街坊间的空中或地下联系，加强沿街（主要步行活动基面）建筑界面连续性和紧凑度。核心区宜取消建筑密度限制，放宽强度和高度控制，鼓励建筑与道路、广场、铁路等设施整合。

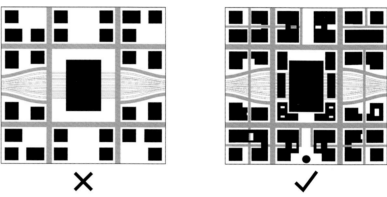

图 7-12 鼓励建设小街坊密路网，鼓励建筑与道路、广场、铁路等设施整合

步行为纽带的形态组织

集约的客站地区需要步行激发活力，一方面，要缝合铁路和站房的分割，进而修补城市步行网络，跨（穿）越铁路和站房的步行通道（含城市通廊等）间距宜 ≤ 250m；另一方面，建立包含客站在内的站区步行系统串接城市功能群，成为组织集约的站城形态的关键纽带。

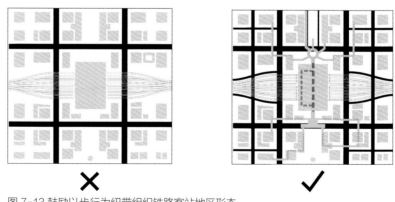

图 7-13 鼓励以步行为纽带组织铁路客站地区形态

增加站城步行连接

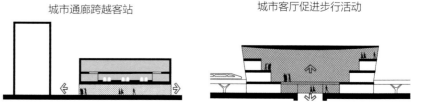

城市通廊跨越客站　　　城市客厅促进步行活动

图 7-14 促进站城步行联系的方式

新横滨站

东京站

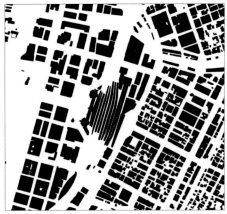

伦敦国王十字车站

里尔欧洲站

京都站

鹿特丹中央车站

上海站

郑州东站

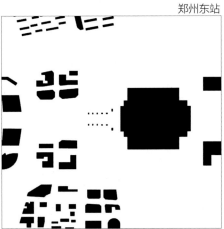

图 7-15 站区建筑密度和土地利用

促进站城紧凑形态布局的引导指标

	（副）中心型站区+ 中长途客运为主	（副）中心型站区+ 中短途通勤为主	新城站区+ 中长途客运为主	新城站区+ 中短途通勤为主
路网密度（km/km²， 含公共街坊路）	≥8	≥10	≥6	≥8
穿越铁路的道路间距 （m）	≤600	≤400	≤800	≤600
穿越车站/铁路的步 行通道间距（m）	≤250	≤150	≤350	≤250

表 7-1 客站地区道路和街道组织的参数建议

注：一般高铁站台长度 450m，普速站台长度 550m，穿越铁路的城市道路间距宜大于站台长度

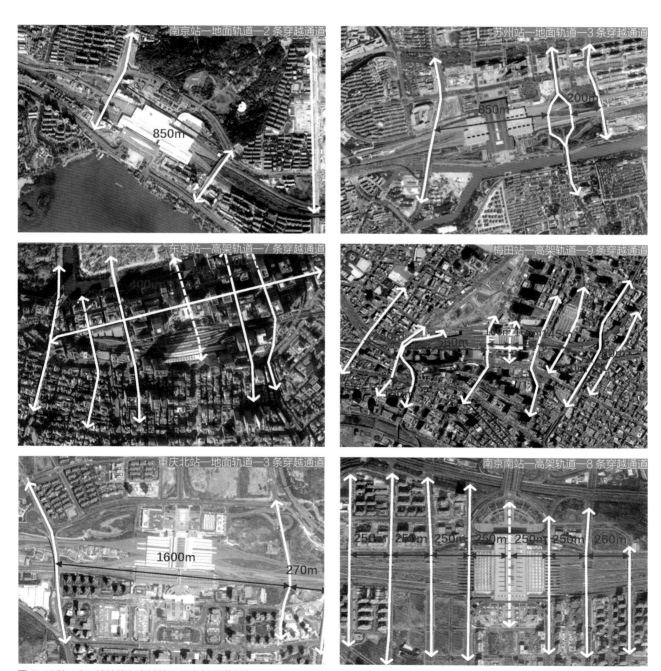

图 7-16 跨（穿）越铁路和客站的公共步行通道研究

7.3 协调宜人的 体量和空间

大尺度客站建筑、大规模机动交通设施和非人本尺度的公共空间是影响站城融合的突出形态因素，应从单纯强调门户地标、车行效率等向重视站城整体形象、宜人尺度和使用效果转变。

门户地标与城市尺度的协调

铁路客站由于有集中候车空间而尺度超常，显现"航站楼化"的趋势。将客站纳入城市肌理是站城融合的目标之一，可根据客站门户形象的定位，合理利用或化解建筑的巨构尺度，可能的方法有：强调局部形态的标识性、形态单元的分形与组合、紧密结合城市建筑的客站综合体、凸显历史建筑并弱化新建体量。

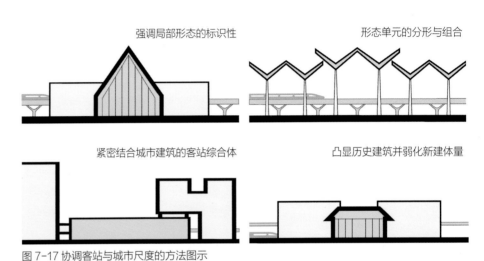

强调局部形态的标识性　　　　　　　　形态单元的分形与组合

紧密结合城市建筑的客站综合体　　　　凸显历史建筑并弱化新建体量

图 7-17 协调客站与城市尺度的方法图示

图 7-18 协调客站与城市尺度的案例

塑造宜人的空间

站前广场和站区街道的尺度通常偏向于工程理性考虑。随着交通广场向步行广场的转变，以及街道空间的价值逐渐被重视，有必要从步行者的角度重新审视站区的公共空间尺度。人本视角的基础空间研究表明，30m 适宜人的互动，100m 能看清人的轮廓，200m 以上将产生空旷感。

图 7-19 人眼视线的感知距离

广场：兼顾我国春运人流高峰和宜人的广场尺度，站前广场建议采取 "弹性广场"（参见图 7-21 广州白云站）或 "分解为主广场 + 次级步行区"。广场宜人车分离，单个广场面积宜 ≤ 1hm^2，长边 ≤ 150m，至少保持 2 个方向的有效围合，并在围合界面设置支持活动的功能，使客站广场成为站城共享的人性化场所。

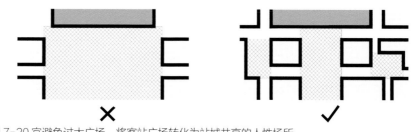

图 7-20 宜避免过大广场，将客站广场转化为站城共享的人性场所

相较高铁站，普速客站的主要特点是：发车频次低、旅客出行经验少、候车时间长、高峰期更易拥堵。广州白云站运用 "呼吸广场" 的概念，平日用作商业服务、休闲功能的广场，在高峰期用做半室外候车厅，弹性的空间使用更加集约、高效。

阿姆斯特丹南站和威尼斯 Santa Lucia 站（圣卢西亚火车站）广场虽然方向和几何形状不同，但面积均在 1hm^2 以内，长边 ≤ 150m 且至少 3 边为站城共同围合，尺度合宜。前者沿广场还设置大量城市功能，更具活力。

图 7-21 塑造宜人广场空间的案例

街道：站区的街道空间不仅要考虑交通集散和大尺度的形象塑造，更要注重近人尺度的界面设置、断面布局和空间协调关系。首要应保持公交（巴士、有轨电车等）的优先路权，缩减私人机动车车道，减少不必要的建筑退界距离，集约化断面设计，红线宽度不宜超过40m，可通过路内绿化带降解车行尺度。

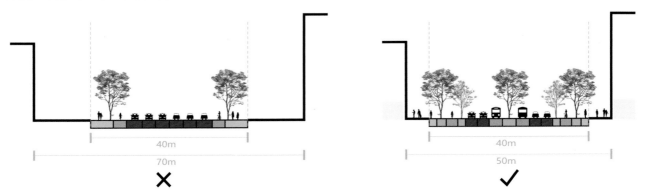

图 7-22 塑造宜人的客站地区街道图示

图 7-23 不同尺度的客站地区街道案例

在空间品质方面，重要街道应将两侧建筑界面纳入整体设计考虑，宜保持70%以上的连续界面，高宽比宜控制在1：1到1：3之间，形成稳定、宜人的街道空间，而集中的高层建筑群可布局于主要干道侧，塑造比例相宜、高层林立的枢纽商务街道形象。

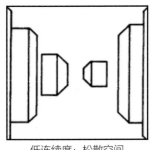

低连续度：松散空间

50% 连续度：基本限定空间

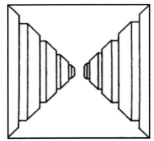

高连续度：明确空间

图 7-24 不同界面连续度的街道空间感

图 7-25 不同界面处理方式的客站地区街道案例

7.4 激发活力的界面和场所

客站地区不仅需要高品质的物质空间，还需要打造具有吸引力的界面和场所，将交通优势资源转化为城市活力。

关注公共空间：从单体建筑走向城市建筑

铁路客站作为重要的公共建筑，在满足内部营运功能基础上，还应为非交通目的的行为提供高品质活动场所。客站应与城市建筑共同形成限定广场和街道的连续界面，在近人尺度的界面布局促进公共生活的混合功能，提供多元的形式和服务，形成"宜行宜停、站城共享、多元服务"的公共空间。

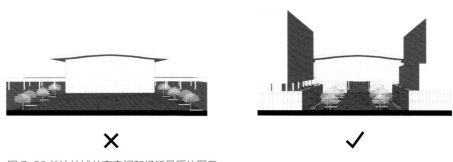

图 7-26 关注站城共享空间和场所品质的图示

铁路客站与城市建筑紧密整合，共同围合西南、东侧 2 个入口广场和北侧的证券交易广场，广场界面均为混合功能，包含零售、餐饮、旅客服务等，成为片区活力中心。

利物浦街站

高架铁路下方置入商业空间，活跃街道功能，艺术化设计的铁路雨棚和下部空间与城市建筑共同形成连续、多元的街道。

伦敦桥站

铁路站房与周边紧密布局的城市建筑共同围合站前广场，近人界面均为活跃的城市功能，如零售、外摆、公共服务。

乌得勒支中央车站

图 7-27
塑造高品质站城共享空间的案例

场所营造：从物质空间到活动发生器

站城融合的目标下，鼓励上海客站地区突破交通模式化、注重空间共享和个性化场所营造，通过引入文化艺术、场景体验、特色景观和历史记忆等要素，使客站的活动多样性和强度大大提升，甚至成为城市的 IP。

文艺体验　巴黎圣拉扎尔站站厅引入文艺＋商街

苏黎世中央站站厅的文化展览活动

特色景观　香港西九龙站屋顶眺望维多利亚湾

巴黎蒙帕纳斯站上方的屋顶开放公园

历史记忆　哈尔滨站复建 1903 年形象，铭记历史

安特卫普站更新保留"最美车站"，突出老站房

故事与IP　伦敦国王十字站的"9 3/4 站台 IP"

帕丁顿站的"帕丁顿熊"IP

图 7-28 营造个性化场所、促进活动发生的客站地区案例

图 7-29 嘉兴站地区

第**3**篇 方法与实施
METHODS AND IMPLEMENTATION

第8章 CHAPTER 8
城市设计工作方法
WORKING METHODS OF URBAN DESIGN

第9章 CHAPTER 9
实施中的利益平衡
MULTI‑INTEREST BALANCE DURING IMPLEMENTATION

第10章 CHAPTER 10
实施路径与策略
THE ROUTE AND STRATEGY OF IMPLEMENTATION

第8章
CHAPTER 8

城市设计工作方法
WORKING METHODS OF URBAN DESIGN

要点提炼

（1）客站地区的城市设计工作宜包括综合评估、确定发展定位、制定站城融合策略以及诉诸城市设计方案以及实施路径等方面。

（2）上海不同发展定位的客站地区，应采用"一站一策"的站城融合策略，基本策略为线侧融合，进阶策略为跨线缝合，高阶策略为站城无间。

8.1 工作流程

上海铁路客站地区的站城融合应通过评估、定位、策略、方案、导则和实施6个城市设计环节实现站城间"功能联动、交通协同、形态整合"等主要内容。

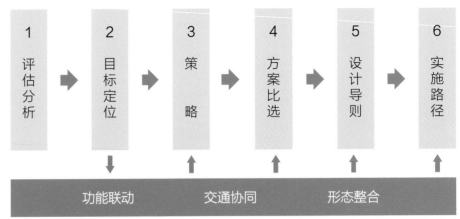

| 1
评估分析 | → | 2
目标定位 | → | 3
策略 | → | 4
方案比选 | → | 5
设计导则 | → | 6
实施路径 |

功能联动　　　　交通协同　　　　形态整合

图 8-1 铁路客站地区城市设计工作流程

8.2 评估和分析

对客站地区的开发条件和优劣势等进行综合评估与分析，是合理制订客站地区规划发展目标、确定站城融合策略和进行城市方案设计的立足点。评估和分析的内容包含规划与政策、站城基本条件、公众与政府的发展诉求，以及市场机会四个方面。

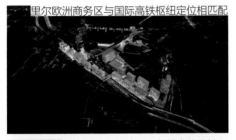

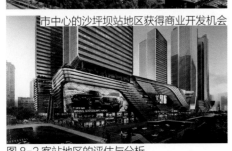

图 8-2 客站地区的评估与分析

规划与政策

需要充分考虑铁路线网和站位规划、客站地区城市规划目标等重大因素，以及与之匹配的政策扶持与资金投入，避免定位不匹配不协同造成的浪费。

站城基本条件

站城规模和特征、到发旅客画像和需求等客站基本条件以及客站地区的区位、地形、可开发（更新）用地和范围、产业文脉、资源禀赋、发展机会和限制等城市基本条件，是确定站城融合目标的决定性因素。

公众与政府的发展诉求

公众与政府对客站地区的发展诉求同样是客站地区定位的重要参考。政府的诉求可通过政策规划手段实现，人本主义的城市设计要更加关注公众的使用需求。

市场机会

客站地区的开发是否能够达到较好的收益，能否可持续地运营，关键看业态组成与功能分布是否符合市场的需求。定位阶段即应启动征询充分获取市场意见，既为方案设计提供指引，也为后期企业入驻开辟快速通道。站区的功能应从业主和使用者的具体需求和行为模式出发，在其主要活动圈层和行进路径上布置其所需功能，从而获取最大化的收益。

8.3 目标定位

上海铁路客站地区的类型丰富多样，应根据所在主城区和新城地区既有资源禀赋等条件，结合未来铁路的发展确定地区定位，包括：交通枢纽地区、特定功能区、综合功能区（公共生活目的地）等。

苏黎世火车总站剖面

苏黎世火车总站集市

图 8-3 作为交通枢纽的客站地区

阿姆斯特丹南站地区规划

阿姆斯特丹南站地区鸟瞰

图 8-4 作为特定功能区的客站地区

作为交通枢纽的客站地区

一般情况，（超）大型铁路客站往往首要承担交通枢纽的地位，客站地区依托这一定位组织站城融合发展。

苏黎世火车总站地区

作为瑞士全国最大铁路客站和欧洲重要的铁路枢纽，位于苏黎世市中心的苏黎世火车总站的改造工程以疏解巨大换乘客流、优化交通效率为首要目标，利用原站房的地下空间增设了新的地下中转站，将地下站连同主站和城市周边街区衔接，形成了更大的交通枢纽节点。

作为交通枢纽的客站地区同样具备极高的城市开发价值。为增强苏黎世火车总站作为城市地标的吸引力，地下增设购物层；客站外的大街经过更新活化，将每周三定为市场日，圣诞期间还有欧洲最大的圣诞集市，吸引世界游客。

作为特定功能区的客站地区

铁路客站会结合客流和地方特色诱发特定的城市功能，而使得客站地区成为特别功能区。

阿姆斯特丹南站地区

阿姆斯特丹南站是连接史基普机场与阿姆斯特丹市中心的重要交通门户，由于承接了大量国际客流，站区逐步发展成为企业总部和会议博览集聚的世界贸易中心，大型银行、会计和律师事务所的落户也使得客站地区成为"金融英里"（Zuidas）的中心。

阿姆斯特丹南站正计划增加站房内的通道和商业，强化客站的公共属性和环境友好性。

作为综合功能区（公共生活目的地）的客站地区

当铁路客站位于关键区域或高潜力发展区域，客站地区有机会成为公共活动目的地，如城市副中心或地区中心。

涩谷站地区

涩谷是以流行时尚文化为特色的东京副都心，拥有极高的商业价值和城市活力。涩谷站地区再开发以交通系统整合为核心，将步行空间与城市功能空间紧密编织，使得客站完全融入城市；涩谷未来之光（Hikarie）、涩谷攀登广场（Scramble Square）、涩谷线流（Stream）、涩谷福库拉斯（Fukuras）等新商业大楼紧密环绕在客站周围，共同构成一站式购物、休闲和玩乐的高密度街区，站区潜能得以被充分释放。

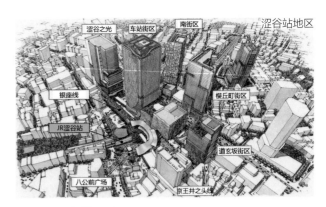

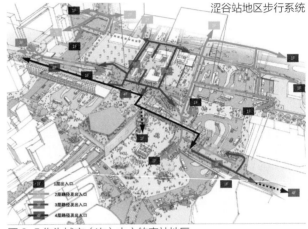

图 8-5 作为城市（次）中心的客站地区

双（多）引擎作用下的客站地区

不少市中心的超大型客站由于交通枢纽的特定身份，限制了客站核心区的发展，而与客站相邻区域的城市重要定位，使得整个客站地区呈现双引擎诱发的双核效应。

东京新宿站地区

新宿站与西新宿的"都厅"共同组成了新宿地区的双引擎，小田急、京王等百货大楼和商业街是串联两个"核"的中间地带。新宿站地区的业态功能分布相比同为副都心的涩谷站地区而言更为扩散，延展的客站出入口倾向于将旅客快速疏解到500—1000m 圈层的繁华地带。

上海虹桥站地区

上海虹桥站地区拥有空铁枢纽和商务区双引擎。机场与高铁站联动实现了国内外旅客的便捷集疏，使虹桥站区成为总部企业、国际组织和专业机构首选地，但机场跑道也限制了站区东侧的发展；西侧邻接高铁站设虹桥天地、虹桥天街等购物和酒店功能，国家会展中心和商务办公等城市功能则分布在核心圈层以外。

图 8-6 双（多）引擎作用下的客站地区

8.4 多层级的融合策略

上海不同发展定位的客站地区，应采用"一站一策"的站城融合策略，其中体现旅客和市民作为使用者的宜人尺度以及客站作为城市建筑群体的组织逻辑，应是站城融合策略的基础。

基本策略：线侧融合

对于一些非重点区域的中小型客站（主要是线侧站）地区，建议进行中小规模的开发，并采用平面主导的形态布局，打造中低强度的站区开发。

客站作为独立的小体量站房，客站地区的街道和广场应尽可能形成宜人的小尺度，以广场为中心组织城市功能与交通，铁路两侧可采用简单的步行天桥或地下通道连接。

图 8-7 帕维亚车站地区

进阶策略：跨线缝合

对于重点地区的大中型铁路枢纽（主要是线上站）地区，建议进行中大规模的开发，在铁路上方局部立体化，打造中等开发强度的站区。

在线侧融合的基础上，这类站城融合主要的策略是缝合铁路两侧，适度开放站房内局部空间作为城市通廊，结合站前的市民广场来串联铁路两侧，以达到消除铁路对城市的割裂和促使客站地区整体平衡发展的目的。

图 8-8 乌得勒支中央车站地区

高阶策略：站城无间

对于部分主城区内高价值地区且以商务通勤旅客为主要使用者的铁路客站地区，建议进行中大规模的开发，采用立体化的动线组织和竖向的公共布局，打造高强度开发的站区。

在线侧融合和跨线缝合的基础上，这类站城融合的目标是利用立体化的交通基础设施将客站与城市无缝步行衔接，客站成为激发城市社会、经济和文化活力的重要支撑，客站有可能弱化交通特征，高度融入城市建筑群和公共空间。

图 8-9 涩谷站地区

第9章
CHAPTER 9

实施中的利益平衡
MULTI-INTEREST BALANCE DURING IMPLEMENTATION

要点提炼

（1）"用地红线"是造成站城分割的根本原因，红线内外不同利益主体之间协调难度大，常呈现"条块分割"现象，导致站城融合难以有效实施。铁路部门、地方政府、开发机构和市民是客站地区的主要利益相关者。通过多轮沟通、多方共赢的机制可推动站城融合。

（2）铁路客站地区的利益相关者包括铁路部门、地方政府、开发机构和市民。

（3）宜建立"利益共同体"，从可研、概念性设计、方案比选、城市设计整合到设计实施各阶段，应组织各方在同一平台上协商、共创，提前征询市场意见，注重公众参与，体现上海市"人民城市为人民"的核心发展理念。

（4）应适度突破"铁路用地红线"切分的模式，探索以"弱化物理边界＋缩小门禁空间"为导向，以"空间使用"为划分基准的新模式，促进（铁）路—地（方）共赢。

（5）应鼓励开发地块与客站间的连接，设置激励机制，促成站与城在更大空间范畴上的联系。

9.1 客站地区的利益相关者

"用地红线"是造成站城分割的根本原因，红线内外不同利益主体之间协调难度大，常呈现"条块分割"现象，导致站城融合难以有效实施。铁路部门、地方政府、开发机构和市民是客站地区的主要利益相关者。通过多轮沟通、多方共赢的机制可推动站城融合。

中国国家铁路集团有限公司（简称"国铁集团"）、地方铁路局、铁路公司等关注线路、客站的建设和运营，在运输安全便捷的基础上，注重铁路用地红线及工程界面、建设周期、建设及运营成本与收益等。

地方政府的总体诉求是通过客站带动片区产业发展和城市建设，增强城市在区域中的竞争力，同时提升公共利益。

市场开发主体（投资商）更关注经济收益，希望发挥铁路客站及配套交通设施带来的高可达性价值，创造更大的物业价值。

铁路旅客主要关注出行便捷度和舒适度，随着经济水平和铁路客运条件的不断提升，旅客对伴随出行相关的商业服务、休憩空间、环境品质等需要也越来越高。

站区居民和就业者作为客站地区的日常使用者，不仅关注交通出行方面，还会频繁使用站区的公共服务设施、公共空间、慢行系统等。

可见，不同利益主体的诉求也呈现多元取向。

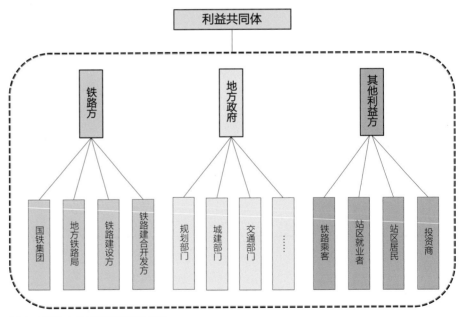

图 9-1 铁路客站地区的利益共同体

多元的利益主体需要构建创新的平台机制，促进各方沟通、协商和共创，以达多方共赢的最终目标。

9.2 利益共同体和协同计划

站城融合实现的前提是政策和制度保障，但在规划设计阶段，更需要吸取利益相关方的多元诉求，通过建立"利益共同体"，让各方在同一平台上沟通、协商，明确相对统一的发展方向，注重公众参与，体现上海市"人民城市为人民"的核心发展理念。

可行性研究阶段

本阶段以铁路线路和车场形式、客站规模和定位、环境影响、经济估算和产业策划为主，需要铁路方和地方政府更多地从区域和城市发展的方向来制定指导性的规划纲领，也需要听取站区范围受影响市民的意见，尽可能削弱站区建设对居民生活的负面影响。

概念性计划阶段

在规划纲领的指导下，可通过利益共同体发起头脑风暴工作营，鼓励利益相关者提出尽可能多的概念性构想。此外，信息技术的发展也为更大范围的"人民共创"提供了条件，大数据分析、使用者画像、网络调研等方法也有助于提供更多的"痛点反馈""创新创意"。

方案比选阶段

本阶段需要将概念性计划提炼为几个可选方案，并对其进行审查和评估，这需要多专业专家委员会的介入，确立全面的评估标准。

城市设计整合阶段

本阶段的目标是确立利益共同体的共同愿景，并以城市设计为整合平台，在综合各方需求和各专业技术要求的基础上形成"客站地区城市设计"。

设计实施阶段

在设计实施管理方面，分为规划设计管理和后续的工程设计管理，前者以上海市规划和自然资源局为主，协同国铁集团开展审查；后者中的客站（或客站综合开发）及配套的工程设计由国铁集团和上海市规划和自然资源局共同审查，并应遵守城市设计的设计导则和相应工程设计任务书内容；客站地区的其他工程建设（街坊或地块开发和更新）由上海市规划和自然资源局审批。

在建设实施主体方面，宜从传统的"按照用地红线一刀切"划分（铁）路—地（方）各自主体的模式，转向精细对接、协同实施，以及双方共同成立综合实施主体的创新模式。

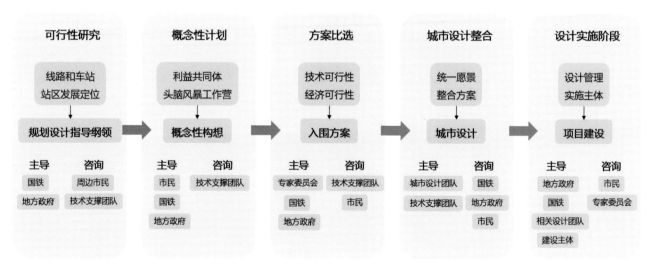

图 9-2 利益共同体协同计划流程

9.3 促进融合的边界划分

我国的铁路工程主要采取"铁路用地红线"的方式切分用地边界，红线内外在土地性质与主管部门、运营管理和建设方式方面均有所不同。

土地性质与主管部门：铁路红线内土地使用权属于国铁集团，主要为铁路生产、生活和配套设施；红线外则为城市发展用地，由地方政府主导。

运营管理：一般以铁路站房投影线为界，站房通常为"门禁空间"，由铁路客站部门管理，其他市政配套设施由地方政府负责，二者之间物理边界清晰。

开发建设：由于铁路属于重大基础设施，有严格的建设周期限制，通常涉铁工程建设速度较快；铁路用地红线外的土地主要由地方政府通过招拍挂等方式进行出让，根据城市的发展情况分期建设，周期较长。

从世界范围来看，欧美和日本的客站早期多采取相似的"铁路红线内外各自建设"模式，但随着技术进步和客站地区的更新，逐步采取了以"弱化物理边界＋缩小门禁空间"为导向，以"空间使用"为划分基准的站城融合模式，充分利用铁路线路和客站的空间价值，达到"（铁）路—地（方）双赢"。

我国的铁路站区实践中，也逐步探索了创新的边界划分方式，如在铁路用地红线内部融入部分城市功能空间，上海松江站和虹桥站均采取了这种方式；还有突破红线划分、路—地双方通过股权协商、形成综合开发用地，按照各自的空间使用需求进行一体化整合设计，并通过综合实施主体进行建设。

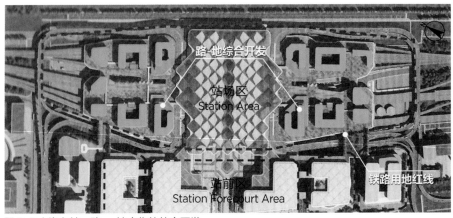

图 9-3 上海东站：路—地合作的综合开发

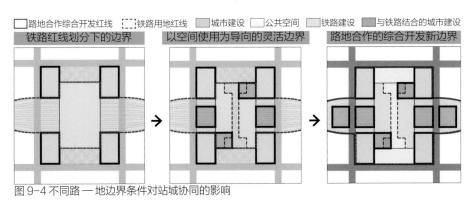

图 9-4 不同路—地边界条件对站城协同的影响

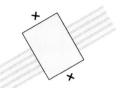

大门禁：集中式站厅候车

传统封闭式管理

小门禁：尽端式站台候车

适合尽端式、中小型站

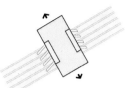

小门禁：通过式站台候车

适合通勤为主的中小型站

小门禁：分散式站厅候车

适合中短途为主的大型站

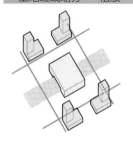

土地红线划分 — 粗放

站城脱离，一刀切边界

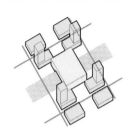

土地红线划分 — 一般

站城紧邻，物理边界明确

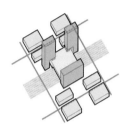

空间使用划分 — 精细

站房与城市融合，弱化边界

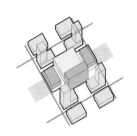

空间使用划分 — 精细

铁路空间融入城市，消解边界

图 9-5 不同候车模式和站城关系的边界划分可能性

国内案例

上海虹桥站率先将站房投影下方的出站厅等铁路运营空间和设施以外的地下空间向城市开放，并设置商业等功能，使得旅客和市民可以获得自由穿越、换乘和餐饮活动的空间，兼顾铁路运营效率和市民活动需求。

杭州西站利用铁路站场东西两侧雨棚空间进行上盖开发，由路 — 地双方合作开发商办物业，是我国第一例铁路立体空间确权出让。

重庆沙坪坝站利用上盖平台消隐铁路线路，平台上部除铁路站房外，还上盖了多个商业、办公建筑，成为连通铁路两侧、市民公共活动的新中心。

图 9-6 铁路与城市立体整合的国内案例

上海虹桥站地下一层平面

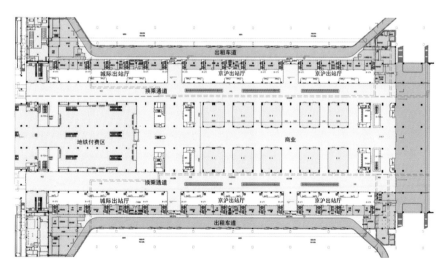

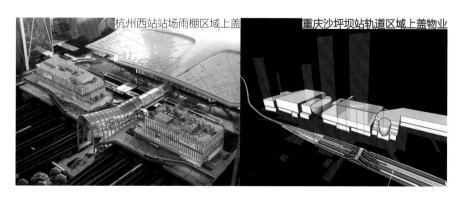

杭州西站站场雨棚区域上盖　重庆沙坪坝站轨道区域上盖物业

客站地区发展历程中，铁路与城市立体整合的必要性逐渐被认识。根据交通能级、城市发展方向和使用者诉求，对铁路必备的门禁运营空间和城市开发空间进行统筹规划，采取不同的利用方式。

如伯明翰新街站作为主客运枢纽，位于市中心商业区，铁路站场区域上盖了细密的城市路网、广场和站房综合体；纽约大中央车站和墨尔本福林德街站作为CBD的主要通勤站，前者延续城市路网，在铁路站场上方建设密集的商务办公和酒店建筑，后者则上盖文化中心和市民广场；伯尔尼人口密度和开发强度较低，利用峡谷地形设置半下沉铁路站场，其上盖建设了城市道路、公交站场和办公楼。

伯明翰新街站地区

纽约大中央车站地区

墨尔本福林德街站地区

伯尔尼站地区

图9-7
铁路与城市立体整合的国际案例

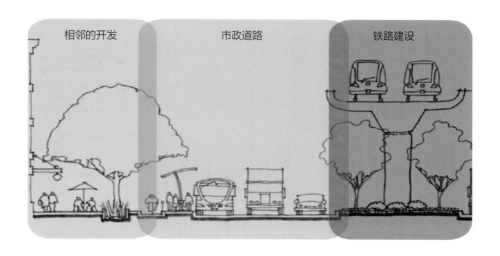

相邻的开发　　　　　市政道路　　　　　铁路建设

图 9-8　铁路建设、市政道路和城市开发的界面划分及整体空间品质把握

9.4 促进融合的连接与权属

随着站城用地的"无界融合"，城市空间逐渐渗透到客站的上下左右，铁路人流的进出站流线可结合多标高的城市基面灵活组织，与城市空间的连接方式也更为多元和立体。站城的连接方式主要包含地面、空中和地下三种。

三种主要的站城连接方式

地面连接：地面层的道路和广场是连接站站与城市最基本的方式。在实践中，应避免铁路（尤其是地面线路）出于管理简单化需求而打断城市道路，或限制广场和城市通廊的自由出入，道路贯通、广场易达、步行连贯是站城融合的基本要求。

空中连接：在一些交通密度较高的客站地区，为了拓展步行空间，往往从铁路站房内部公共空间引出空中步行通道，与城市公共空间或建筑相连，形成连接站站与城市的"空中步道系统"。

地下连接：在上海城市中心的高价值地区，铁路客站往往伴随着城市轨道站点的集聚，铁路的进出站空间与城市轨道站点通过"地下街网络"连接，既能容纳大规模客流，满足旅客步行换乘需求，也能将多种轨道集聚带来的可达性优势转化为城市发展动力。这种连接方式的前提是多条地铁线路的引入和站点的合理分散化布局。

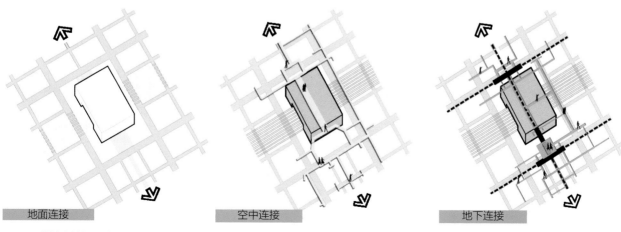

地面连接　　　　　空中连接　　　　　地下连接

图 9-9 站城连接的三种主要方式：地面、空中和地下

客站广场与步行街
放射性街道无缝衔接 → 汉诺威站地区

街道网络完全贯通 → 芝加哥
中央站地区

空中步行
连接客站和城市 → 深圳北站地区

空中步行系统 → 小仓站地区

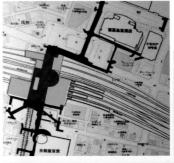

地下步行系统 → 蒙特利尔
中央站地区

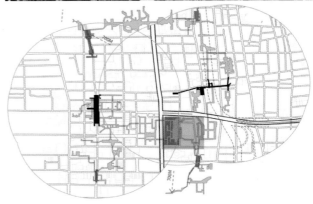

图 9-10 不同站城连接方式的客站地区案例

站城连接的权属与实施

城市道路、步行（街）道和广场是站城融合的媒介，在与铁路站场交叉的情况下，应明确平面连接或立体穿越（跨越）的衔接关系及其权属界限。

空中和地下的连接则应充分发挥市场的作用。通常，各开发地块间的连接由地块产权人协商确定；开发地块与铁路客站、公共设施之间跨越道路的连接权属归客站地区开发（更新）主体所有。为了提升系统性和统一连接的建设标准，也可由客站地区开发（更新）主体从促进站城融合和实施管理的角度出发，做统一规定。

包括站城连接在内的相关城市设计条件应纳入土地出让合同，明确建筑单体与公共通道连接的标高、端口、宽度、主导功能和开放时间，并通过项目审查环节落实。宜引入激励制度，如提升容积率、建筑高度、减免部分税收等机制，鼓励在各地块间及其与客站之间互联互通，形成连续的步行系统。

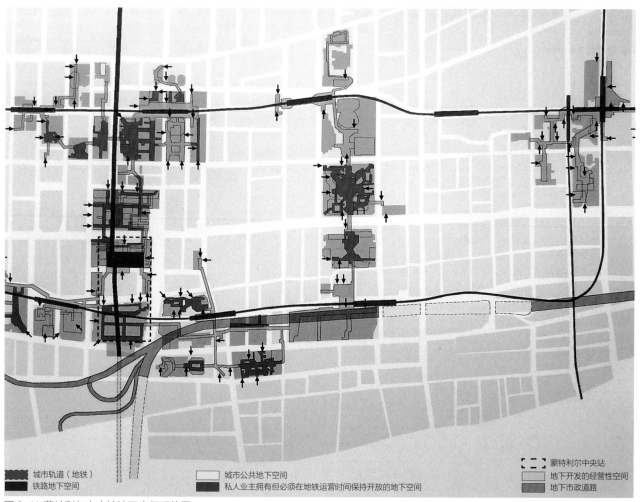

图 9-11 蒙特利尔中央站地下步行系统图示

第 10 章
CHAPTER 10

实施路径与策略
THE ROUTE AND STRATEGY OF IMPLEMENTATION

10.1 一般流程

10.2 关键问题梳理

10.3 实施策略

10.1 一般流程

铁路客站地区站城融合发展建设工作特点可归纳为：两条路径、四类内容、多个阶段。我国各地对站城融合的机制多有探索，目前处于"一站一机制"的阶段。上海作为铁路客站创新的排头兵，也应在核心实施机制方面加大探索力度，为站城融合实施提供新的范式。

两条路径： 总体建设工作在事项审批上存在并行的两条路径，分别是铁路工程建设和城市工程建设（一般指站点周边约 1km 范围）。

四类内容： 按照站城融合整体开发流程，可分为线路工程、站房工程、枢纽配套工程和站点周边土地建设。

多个阶段： 前述工程内容在推进时需经历立项 / 可研、设计、建设、运营等多个阶段，在各阶段中，参与主体众多，流程复杂且相互穿插。为落实站城融合理念，需首先梳理整体工作流程和相关方诉求。

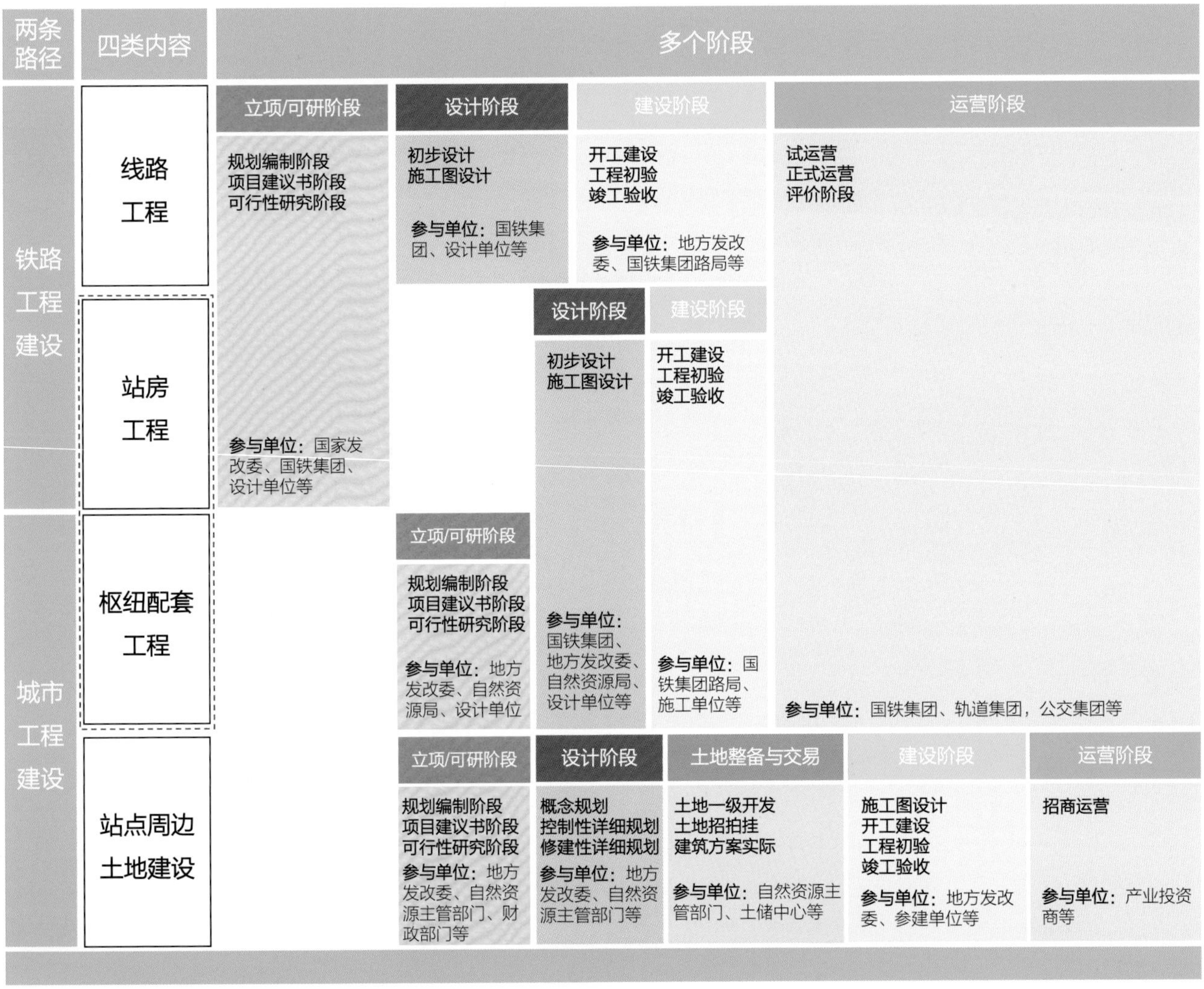

图 10-1 铁路客站地区"站城融合"整体流程

铁路工程建设层面	包含线路工程及站房工程两类建设内容。从实施流程上来看，可分为立项/可研阶段、设计阶段、建设阶段、运营阶段
城市工程建设层面	包含枢纽配套工程及站点周边土地建设两类建设内容，其中枢纽配套工程与铁路工程建设内容存在界面的交叉及重叠，其实施流程的阶段划分与铁路工程建设类似。站点周边土地建设可分为立项/可研、设计、土地整备与交易、建设、运营管理五大阶段

图 10-2 铁路客站地区研究内容

在铁路客站地区站城融合发展实施过程中，总体表现出多利益主体、多管理序列、多种界面、多时序交叉等特征。

涉及的干系人包括各级政府、国铁集团、线路公司、地方铁路局、枢纽公司、各级地方平台公司等众多主体。

项目界面包括不限于物理界面、投资界面、权属界面、管理界面。

实施时序交叉制约，如在立项/可研阶段，线路工程与站房工程需同步开展；在设计与建设阶段，站房工程与枢纽配套工程需同步开展；在运营阶段，线路工程、站房工程及枢纽配套工程需一同开展。

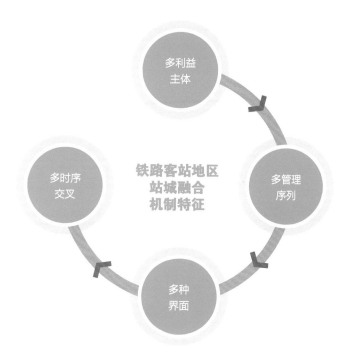

图 10-3 铁路客站地区站城融合组织机制特征

10.2 关键问题梳理

客站地区站城融合发展存在的主要问题

相关支持政策体系尚不成熟

在建设用地指标、土地规划条件、投资资金来源、投资平衡方式等关键问题上，缺少实施指导细则；在流程管理及审批审核事项上，缺乏流程标准及权责清单。

参与主体多、分工协调难

站城融合发展流程复杂，涉及主体众多，管理协同难度大；众多利益方之间的存在利益博弈，推进阻力大；开发各个环节独立运作，流程封闭，缺乏顶层制度设计、统一管理平台。

站城融合发展不充分

铁路客站规划与城市规划的衔接不充分；交通功能、城市功能、产业功能融合不充分；交通站场与城市及产业功能片区的联动发展不充分；站城融合发展过程中效益平衡与价值提升不充分。

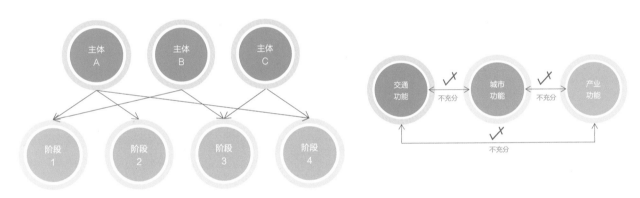

图 10-4 参与主体协调示意图   图 10-5 站城融合联动示意图

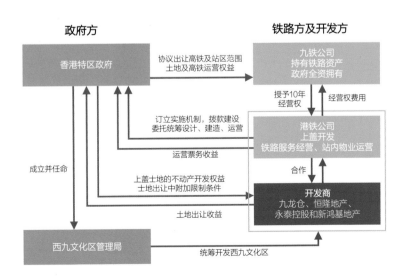

图 10-6 西九龙站枢纽片区开发合作模式

10.3 实施策略 深化政策支持体系

在土地综合开发及站城融合发展层面，国家出台了相关支持政策，如：

（1）《国务院关于改革铁路投融资体制加快推进铁路建设的意见》（国发〔2013〕33号）；

（2）《关于支持铁路建设实施土地综合开发的意见》（国办发〔2014〕37号）；

（3）《国家发改委关于推进高铁站周边区域合理开发建设的指导意见》（发改基础〔2018〕514号）；

（4）《"十四五"现代综合交通运输体系发展规划》（国发〔2021〕27号）。

近年来，上海市针对城市轨道交通场站、车辆基地及周边土地综合开发出台了多项政策文件，如：

（1）《关于推进上海市轨道交通场站及周边土地综合开发利用的实施意见（暂行）的通知》（沪发改城〔2014〕37号）；

（2）《关于推进本市轨道交通场站及周边土地综合开发利用的实施意见》（〔2016〕79号文）；

（3）《关于加快实施本市轨道交通车辆基地及周边土地综合开发利用的意见》（〔2020〕69号文）。

在铁路客站地区站城融合土地综合开发政策方面，上海仍需完善。在实践中，应充分结合项目实际，按照"循序渐进、借鉴引用、合理突破、逻辑合理"的政策创新探索原则，做好政策文件衔接、细化管理指引、确立激励机制等工作。

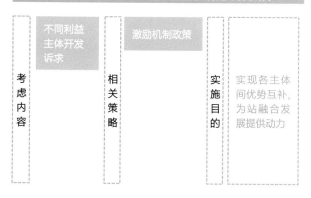

图 10-7 政策体系示意图

推进组织协同

上海铁路客站地区站城融合发展，应在集体领导、分工协作的原则下，建设统一协同平台，该平台应包含路、地双方各参与主体，并整合行业专家及专业服务单位。在协同平台的统筹下，实现项目分工协作、有序推进。

站城融合协同平台由联合管理平台与联合服务平台共同组成。联合管理平台由地方及路方相关主体联合搭建，共同推进审定成果、推导工作、实施评估、责任监督等工作。地方政府层面由市或区政府牵头，协调相关责任部门，推进站城融合工作。联合服务平台由专家委员会、技术统筹团队、专业服务团队联合组建，通过专业推动、技术托底、全程服务，提升项目实施的质量与效率。专家委员会主要发挥技术引领与专业把关作用。由技术统筹团队整合各领域专业服务资源，通过技术咨询、全过程伴随服务，组织各专业团队开展工作，实现各专业的统一协作。

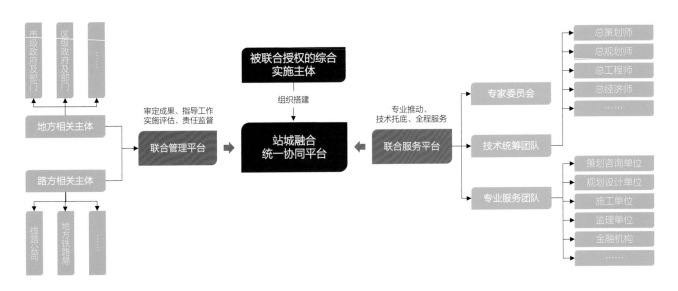

图 10-8 上海铁路客站地区站城融合协同平台示意图

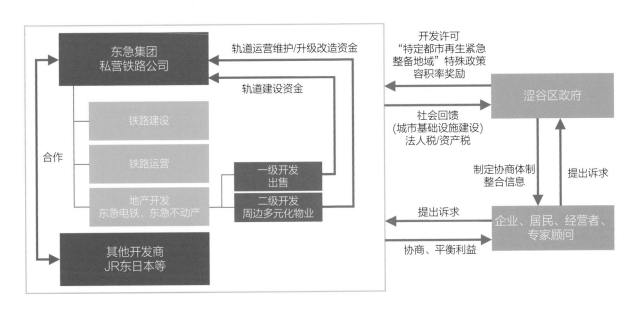

图 10-9 东京涩谷站片区合作开发模式示意图

案例分析：杭州西站站城一体化项目推进

项目在综合开发模式构建及平台搭建经历多项历程，在项目实施的各个阶段多个主管部门、服务主体多元参与。

在项目推进层面，部分关键环节的合作形式与节点如下。

主体授权与同步实施	委托设计采取联合设计	审批工作采取联合审批
杭州市交通投资集团有限公司负责加强与国铁集团的对接，加快推进，完善前期手续，确保站房区域的地方配套工程纳入杭州西站枢纽站房主体工程一并招标、同步实施。	站房的设计单位与西站站房不可分割的地方配套工程设计单位直接委托站房设计单位一并设计。	国铁集团联合浙江省人民政府共同审批杭州西站站房及相关工程基础及主体结构初步设计及相关工程剩余初步设计。

图 10-10 合作形式模式图

引导合理模式落地

在上位政策和管理机制的引导下，还需厘清站城融合工程的实施界面、合作推进铁路相关建设工程和地方建设工程的联合审批、组织利益共同体并商定多方共赢的回报机制。

做好界面管理，明确投资及可持续经营责任
在明确铁路红线范围内外工程内容基础上，梳理物理、投资、权属、管理等界面，明确投资责任、权属情况及可持续经营责任。

实施界面层面	开发机制层面	回报机制层面
梳理物理、投资、权属、管理等界面，明确投资责任、权属情况及可持续经营责任。	组织推进工作可采取铁路主体工程枢纽配套工程由路、地分别立项、联合审批的方式同步展开。	做好车站地区红线内外综合开发收益分配，通过合理的模式设计实现多样化土地增收措施。

图 10-11 从三个层面引导铁路客站地区站城融合落地

做好开发机制梳理

在开发机制层面，可采取铁路主体工程、枢纽配套工程由路地分别立项、联合审批的方式同步展开，做好相关工作的衔接。

在上海市政府层面

明确各委办局推进事项，例如由市财政协调解决引入线路市本级承担的资本金；市自然资源与规划部门协调解决站点枢纽周边土地规划法定化过程问题，并牵头专项工作平台，引导各单位明确枢纽地区站城融合规划方案。

在与国铁集团合作层面

上海市政府可与国铁集团协同审批线路及站房相关规划设计工作，并联合明确枢纽相关投资分劈及土地综合开发收益共享机制。

在协调建设主体层面

做好相关建设内容、出资等工作明确，由相关主体负责站点（含站房、站场等）和引入线路的投资，做好站点以及周边区域站城融合发展的开发建设，并有效承担相关资本金，也可作为红线外做地主体，负责区域内规划设计、土地报批、项目建设、公共配套等做地工作联合开展。

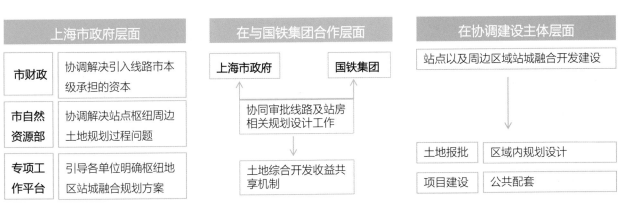

图10-12 开发机制模式图

做好回报机制设计

做好客站地区红线内外综合开发收益分配，并通过捆绑多元资源，实现多样化增收。需重点明确红线内外综合开发用地的规模、业态、开发主体等核心要素，并结合相关线路、枢纽及站城融合发展的建设需求，设计好红线内外的综合开发收益模式，基于项目建设资金需求，合理规划供地方式及时序。

图 10-13 英国伯明翰新街站地区

附录
APPENDIX

参考文献

[1]LIU L. Transport and land use interaction: a French case of suburban development in the Lille Metropolitan Area (LMA)[J]. Transportation Research Procedia, 2014, 4: 120-139.

[2]NR/GN/CIV/100/02. Station Design Guidance[EB/OL].(2021)[2024-08-16]. https://www.networkrail.co.uk/wp-content/uploads/2021/06/NR_GN_CIV_100_02_Station-Design.pdf.

[3]PEEK G J, BERTOLINI L, DE JONGE H. Gaining insight in the development potential of station areas: A decade of node-place modelling in The Netherlands[J]. Planning, Practice & Research, 2006, 21(4): 443-462.

[4] 陈东杰，郦仲华，高松 . 铁路站城融合发展路径与机制创新：以杭州西站为例 [J]. 建筑学报 ,2024,(05):23-29.

[5] 程泰宁，郑健，李晓江 . 中国"站城融合发展"论坛论文集 [M]. 北京：中国建筑工业出版社 ,2021.

[6] 崇志国，孔维成 . 北京城市副中心交通枢纽站城融合规划设计特点分析 [J]. 城市轨道交通研究 ,2022,(S2):1-8+17.

[7] 崔恺，程泰宁，李晓江，等 . 研讨：探索站城融合发展的杭州西站设计 [J]. 建筑学报 ,2024,(5): 41-49.

[8] 戴一正，戚广平，张晨阳，等 . 站城融合 · 空间整合：我国"站城综合体"的概念解析与研究进展 [J]. 西部人居环境学刊 ,2024,39(02):83-90.

[9] 顾汝飞，苏涛 . 浅析铁路车站综合体与城市空间的整合 [J]. 华中建筑 ,2012,30(10):101-104.

[10] 国土交通省都市局 . 站城一体化设计指南 [EB/OL]. (2020)[2024-09-23]. https://www.mlit.go.jp/toshi/toshi_gairo_tk_000098.html.

[11] 何兆阳，李晓江，蔡润林 . 站城融合下的铁路系统发展特征国际比较 [J]. 城市交通 ,2022,20(3): 10-20，63.

[12] 胡昂 . 日本枢纽型车站建设及周边城市开发 [M]. 成都：四川大学出版社 ,2016.

[13] 金旭炜，胡剑 . 城市核心区铁路枢纽站城融合与城市更新：重庆沙坪坝站综合交通枢纽城市综合体设计策略 [J]. 世界建筑 ,2021,(11): 42-47，126.

[14] 库德斯 . 城市形态结构设计 [M]. 杨枫，译 . 北京：中国建筑工业出版社 ,2008.

[15] 李晓江 . 站城融合之思考与认识 [J]. 城市交通 ,2022,20(03):5-7.

[16] 刘江，卓健 . 火车站：城市生活的中心：法国 AREP 工程咨询公司及其作品 [J]. 时代建筑 ,2004,(2):124-131.

[17] 日建设计站城一体化研究会 . 站城一体开发：新一代公共交通指向型城市建设 [M]. 北京：中国建筑工业出版社 ,2014.

[18] 日建设计站城一体开发研究会 . 站城一体开发 Ⅱ：TOD46 的魅力 [M]. 沈阳：辽宁科学技术出版社 ,2019.

[19] 盛晖 . 超越交通：铁路客站设计的演进与创新 [M]. 武汉：华中科技大学出版社 ,2021.

[20] 盛晖 . 城市更新视角下的铁路客站设计与实践 [J]. 建筑实践 ,2023,(10): 10-19

[21] 袁铭 . 基于站城融合的市域铁路综合开发目标与策略 [J]. 城市轨道交通研究 ,2023,(S2):182-185.

[22] 曾如思，沈中伟 . 多维视角下的现代轨道交通综合体：以香港西九龙站为例 [J]. 新建筑 ,2020,(1): 88-92.

[23] 张俊杰 . 东方枢纽上海东站综合交通枢纽：站城融合新探索 [J]. 建筑实践 ,2023,(10):44-53

[24] 张俊杰 . 枢纽核心区站城融合 [M]. 上海：上海科学技术文献出版社 ,2023.

[25] 郑健，贾坚，魏崴 . 高铁车站 [M]. 上海：上海科学技术文献出版社 ,2018

[26] 郑健，魏崴，戚广平 . 新时代铁路客站设计理论创新与实践 [M]. 上海：上海科学技术文献出版社 ,2020

[27] 郑健 . 大型铁路客站的城市角色 [J]. 时代建筑 ,2009,(05):6-11.

[28] 郑健 . 新时代站城融合协同发展的实践与思考 [J]. 科技导报 ,2023,41(24):20-27.

[29] 郑健 . 中国高铁客站的创新与实践 [J]. 铁道经济研究 ,2010,(06):1-3.

[30] 庄宇，李丹瑞 . 安检模式对铁路客站换乘地铁效率的影响 [J]. 同济大学学报 (自然科学版),2024,52(2):252-259.

[31] 庄宇，卢济威，陈杰 . 当代城市设计实践中的"形态结构"探讨 [J]. 建筑学报 ,2021,(5): 91-98.

[32] 庄宇，戚广平，王馨竹 . 站城融合之城市设计 [M]. 北京：中国建筑工业出版社 ,2022.

[33] 庄宇，周玲娟 . 由下至上的结构性：城市地下空间中的"形随流动"[J]. 时代建筑 ,2019,(5):14-19.

图表来源

第 1 章
图 1-1：（左）https://m.thepaper.cn/baijiahao_20493843，（中、右）https://www.jfdaily.com/sgh/detail?id=977977；图 1-2：自绘；表 1-1：自绘

第 2 章
图 2-1—图 2-6：自绘

第 3 章
图 3-1—图 3-2：自绘；图 3-3：https://commons.wikimedia.org/wiki/File:Tokyo_map.png；图 3-4：https://www.163.com/dy/article/D6VL7M2K0524H733.html；图 3-5：https://mp.weixin.qq.com/s/s_6u0TgaJfZ4mKLbMMjolQ；图 3-6：自绘；图 3-7：https://livejapan.com/zh-tw/in-tokyo/in-pref-tokyo/in-shinjuku/article-a0004717/；图 3-8：https://commons.wikimedia.org/wiki/File:Jardin_Atlantique_2010-04-23.jpg；图 3-9：（上一左）https://www.jzda001.com/index/index/details?type=1&id=6546，（上一右）http://www.archcollege.com/archcollege/2021/1/48766.html，（上二左、上二中）http://www.archina.com/index.php?g=ela&m=index&a=works&id=2341，（上二右）AREP，（下一左）https://www.viator.com/Madrid-attractions/Atocha-Train-Station-Estacion-de-Atocha/overview/d566-a24743，（下一右）https://www.wowabouts.com/explore/post-atocha-railway-station-madrid-estacion-de-madrid-atocha，（下二左）https://zhuanlan.zhihu.com/p/653349353，（下二右）http://www.casa.ucl.ac.uk/kxpem/kxcentral.htm；图 3-10：中铁第四勘察设计院集团有限公司 / 株式会社日建设计 / 深圳市建筑设计研究总院有限公司 / 深圳市城市交通规划设计研究中心有限公司；图 3-11：自绘

第 4 章
图 4-1：参考文献 3；图 4-2：（上）https://www.dezeen.com/2012/10/19/foster-partners-present-vision-for-grand-central-terminal/，（下）https://www.nikken.co.jp/cn/news/news/2019_12_27.html；图 4-3：（上）https://www.ria.co.jp/architecture-gallery/%E4%BA%8C%E5%AD%90%E7%8E%89%E5%B7%9Drise%E3%80%80%E7%AC%AC%E2%85%A1%E6%9C%9F%E3%80%80%EF%BC%88%E4%BA%8C%E5%AD%90%E7%8E%89%E5%B7%9D%E6%9D%B1%E7%AC%AC%E4%BA%8C%E5%86%8D%E9%96%8B%E7%99%BA%EF%BC%89/，（下）https://ar.pinterest.com/pin/396105729718706541/；图 4-4：https://www.nikkenren.com/kenchiku/bcs/en/detail.html?ci=1008；图 4-5：https://www.shhqcbd.gov.cn/；图 4-6：（左）参考文献 1，（右）https://zh-min-nan.m.wikipedia.org/wiki/t%C3%B3ng-%C3%A0n:LillePLBTriange.png；图 4-7：https://archello.com/project/zuidasdok-amsterdam；图 4-8：（左）https://posts.careerengine.us/p/61eccf48479f8d03a7b7ad5a，（右）https://www.culturechina.cn/m/51666.html；图 4-9：https://www.nippon.com/en/views/b07801/；图 4-10：https://www.mcaslan.co.uk/work/kings-cross-station；图 4-11：https://colourlex.com/project/monet-the-gare-saint-lazare/；图 4-12：自绘；图 4-13：https://www.japan-travel.cn/spot/1188/；图 4-14：https://bbs.zhulong.com/101010_group_201811/detail10122467/；图 4-15：https://en.m.wikipedia.org/wiki/File:Oslo_Sentralstasjon.JPG

第 5 章
图 5-1：自绘；图 5-2：https://www.archdaily.cn/cn/802288/he-lan-wu-de-le-zhi-zhong-yang-huo-che-zhan-benthem-crouwel-jian-zhu-shi-wu-suo；图 5-3：（左）https://www.oma.com/projects/euralille，（右）https://upload.wikimedia.org/wikipedia/en/d/d9/Euralille_tours.jpg；图 5-4：https://www.archdaily.cn/cn/781000/cheng-shi-zhi-jing-bo-ming-han-xin-jie-dao-che-zhan-azpml；图 5-5：（左）http://www.itdp-china.org/news/?newid=102&lang=0，（右）https://www.snowmonkeyresorts.com/plan-your-visit/moving-around-japan/；图 5-6：根据 https://www.iconfont.cn/ 网站图标改绘；图 5-7：根据 https://www.networkrail.co.uk/stories/the-architecture-the-railways-built-london-st-pancras-international/ 图片改绘；图 5-8：https://www.rise.sc.t.rv.hp.transer.com/whatsrise/plan/；图 5-9—图 5-11：自绘；表 5-1：自绘；图 5-12：（左）谷歌地球；（中）https://www.kyoto-station-building.co.jp/about/，（右）https://www.archdaily.com/881766/the-worlds-most-expensive-buildings；

图表来源

图 5-13: http://ch.haiwai.anjuke.com/news/12310768.html; 图 5-14: 自绘; 图 5-15: （左）谷歌地球, （中）https://www.spaceandpeople.co.uk/pip-nut-broadgate-paddington-central/, （右）https://www.som.com/news/soms-exchange-house-wins-big/; 图 5-16: （左）https://bluestyle.livedoor.biz/archives/52096032.html, （右）https://www.forbes.com/sites/duncanmadden/2019/01/11/ranked-the-25-smartest-countries-in-the-world/?sh=32146b4e163f; 图 5-17: 自绘; 图 5-18: （左）https://www.tokyu-sekkei.co.jp/project/224.html, （中、右）https://www.japan-architects.com/ja/architecture-news/fu-he-shi-she/se-gusukuranburusukuea; 图 5-19: （左）https://www.6sqft.com/amazing-aerial-photos-show-one-vanderbilts-ascent/, （中、右）https://www.istockphoto.com/photos/grand-central-station; 图 5-20: 自绘; 图 5-21: https://zjjcmspublic.oss-cn-hangzhou-zwynet-d01-a.internet.cloud.zj.gov.cn/jcms_files/jcms1/web3095/site/attach/0/b2f5ef21e48d4aa381515f16e9a5be65.pdf; 图 5-22: 北京城市副中心站综合交通枢纽地上城市设计导则-SOM; 图 5-23: 自绘; 图 5-24: 参考文献 7; 图 5-25—图 5-26: 自绘; 图 5-27: 株式会社日建设计

第 6 章

图 6-1—图 6-5: 自绘; 图 6-6: 谷歌地球; 图 6-7: https://umamibites.com/sightseeing/143; 图 6-8: https://www.archiposition.com/items/20190809091709; 图 6-9: https://www.rijksoverheid.nl/actueel/nieuws/2019/06/06/gemeente-den-haag-en-rijk-gaan-samenwerken-in-haags-stationsgebied; 图 6-10: https://tourism.com.de/en/sights-of-zurich-35-most-interesting-places/; 图 6-11: 自绘; 图 6-12: https://www.idealwork.com/rotterdam-centraal-station-when-architecture-unites-the-territory/; 图 6-13: 自绘; 图 6-14: http://www.mafengwo.cn/poi/6195318.html; 图 6-15: 自绘; 图 6-16: 自绘; 图 6-17: 基于福田站站内地图导引照片绘制, 照片自摄; 图 6-18: （上左）https://www.northsouthraillink.org/citybanan-stockholm/de1yqyzz3o0xjvcyvt842v8k2fmdzg, （上右）https://stockholmiana.wordpress.com/2017/07/10/trafikstart-for-citybanan/, （下）https://www.archdaily.com/975386/foster-plus-partners-wins-competition-to-design-central-station-in-stockholm/61e7dab13e4b31e65b000097-foster-plus-partners-wins-competition-to-design-central-station-in-stockholm-photo; 图 6-19: （上左）https://commons.wikimedia.org/wiki/File:2018_Shinagawa_Intercity_2.jpg, （上中、下左）https://www.sicity.co.jp/about/, （右）https://www.flickr.com/photos/krobbie/843464235; 图 6-20: （左）https://k.sina.cn/article_7042594833_p1a3c5781100100k6n7.html, （中）谷歌街景, （右）https://www.tripadvisor.com/LocationPhotoDirectLink-g60763-d93450-i237991462-Hyatt_Grand_Central_New_York-New_York_City_New_York.html; 图 6-21—图 6-23: 谷歌地球; 图 6-24: 自摄; 图 6-25: 谷歌地球; 图 6-26: 筑境设计; 图 6-27: https://www.gmp.de/cn/projects/463/berlin-central-station; 图 6-28: （左）谷歌地球, （中、右）https://www.seat61.com/stations/cologne-hauptbahnhof.html; 图 6-29: http://www.itdp-china.org/news/?newid=112&lang=0; 图 6-30: https://www.gotokyo.org/en/story/guide/oodles-of-noodles-a-guide-to-eating-ramen-in-tokyo/index.html; 图 6-31—图 6-46: 自绘; 图 6-47: https://mp.weixin.qq.com/s/FtN8SM1pMkgHCntsP244Xg

第 7 章

图 7-1: 自绘; 图 7-2: https://www.720yun.com/; 图 7-3: 谷歌地球; 图 7-4: 自绘; 图 7-5: 基于谷歌地球绘制; 图 7-6: （左上）基于谷歌地球绘制, （右上）谷歌地球（下）https://www.italianbellavita.com; 图 7-7: https://www.shibuyabunka.com; 图 7-8: （上一、上二、下一）基于谷歌地球绘制, （下二）https://www.vcg.com/creative/811325804; 图 7-9—图 7-10: 基于谷歌地球绘制; 图 7-11: （左）https://www.archdaily.cn/, （右）: 参考文献 17; 图 7-12—图 7-15: 自绘; 表 7-1: 自绘; 图 7-16: 基于谷歌地球绘制; 图 7-17: 自绘; 图 7-18: （上一左）http://travel.qunar.com/p-oi8672740-liangjichanghuochezhan, （上一右）https://pediainside.com/wiki/鹿特丹, （上二左）https://www.tripadvisor.com.tw/LocationPhotoDirectLink-g189158-d546590-i49601449-Parque_das_Nacoes-Lisbon_Lisbon_District_Central_Portugal.html, （上二右）https://photo.zhulong.com/list201050/d1/p3.html; （下一左）筑境设计, （下一右）https://www.vcg.com/, （下二左）同济大学建筑设计研究（集团）有限公司,

（下二右）https://www.tsunagujapan.com/how-to-spend-a-whole-day-in-tokyo-station/ ；图 7-19 —图 7-20：自绘；图7-21：（上左、上右）https://mp.weixin.qq.com/s/7ax3N_u-sGLmq7kIUByu2Q,（中左）谷歌地球，（中右）https://zuidas.nl/blog/2018/11/08/mahlerplein-bij-de-beste-4-bomenprojecten-van-2018/,（下左、下中、下右）谷歌地球；图 7-22：自绘；图 7-23：谷歌地球；图 7-24：参考文献 18；图 7-25：（左）筑境设计，（中）https://www.vcg.com/,（右）谷歌地球；图 7-26：自绘；图 7-27：（上左）https://mp.weixin.qq.com/s/eLDkyp-QagvygAWxbmifjQ,（上中）https://www.archiposition.com/items/20180525113930,（上右）https://www.vcg.com/,（中左、中右）谷歌地球,（下左、下右）https://www.hhlloo.com/a/shi-jie-shang-zui-da-de-zi-xing-che-ting-che-chang.html；图 7-28：（上一左）http://www.ela.cn/index.php?m=index&a=works&id=2341,（上一右）谷歌地球，（上二左）https://www.meipian.cn/gyatw1w,（上二右）谷歌地球，（下一左）https://m.sohu.com/a/279829999_120025633/?pvid=000115_3w_a,（下一右）谷歌地球，（下二左）https://touch.go.qunar.com/poi/8304532?bd_source=UCdaohang,（下二右）https://www.networkrail.co.uk；图 7-29：MAD、同济大学建筑设计研究院（集团）有限公司

第 8 章
图 8-1：自绘；图 8-2：（上一）https://www.behance.net/gallery/13176377/Euralille-3000,（上二）https://openmedia.uk.com/insights/location-insight-wembley-park,（下一）https://programme.openhouse.org.uk/listings/499,（下二）https://www.nikken.jp/cn/projects/mixed_use/longfor_paradise_walk_at_shapingba_railway_staion.html；图 8-3：（上）https://sbb-immobilien.ch/liegenschaften/generalsanierung-zuerich-hb-suedtrakt/,（下）https://en.arabtravelers.com/the-most-famous-market-in-switzerland-the-best-markets-in-zurich/；图 8-4：（上）https://www.zja.nl/en/page/6507/zuidas-and-amsterdam-zuid-station,（下）https://zuidas.nl/en/blog/2021/09/23/the-next-steps-at-amsterdam-zuid-station/；图 8-5：（上）http://building-pc.cocolog-nifty.com/helicopter/2021/02/post-3cc214.html,（下）https://www.nippon.com/en/views/b07801/；图 8-6：（上）https://asia.nikkei.com/Politics/Tokyo-s-Shinjuku-most-family-friendly-place-in-Japan-study,（下）https://bbs.zhulong.com/101010_group_200113/detail33449278/；图 8-7：（上）谷歌地球；（下左）https://en.wikipedia.org/wiki/File:Pavia_staz_ferr_lato_strada.JPG；（下右）https://www.youtube.com/watch?v=BuSn62Ziwus；图 8-8：（上）谷歌地球；（下）https://arqa.com/en/architecture/transparent-retail-pavilion.html. 图 8-9 涩谷站地区：图 8-9（上）：谷歌地球；图 8-9（下）：https://www.nikken.co.jp/cn/news/news/2019_12_27.html；

第 9 章
图 9-1、图 9-2：自绘；图 9-3：参考文献 23；图 9-4、图 9-5：自绘；图 9-6：（上）http://doc.xuehai.net/bfcef5dc4468081b6ac0d02f7.html,（下左）筑境设计；（下右）https://mp.weixin.qq.com/s/fs69j9KlfGLPypmN30uuLQ；图 9-7：基于谷歌地球绘制；图 9-8：《Urban Design Guidelines-California High-Speed Train Project》；图 9-9：自绘；图 9-10：（上一、上二、下一右、下二）基于谷歌地球绘制，（上三）https://www.world-architects.com/en/architecture-news/headlines/seoul-opens-its-own-high-line；（下一左）自绘，（下三）陆文婧；图 9-11：参考文献 33

第 10 章
图 10-1- 图 10-5：自绘；图 10-6：参考文献 24；图 10-7, 图 10-8：自绘；图 10-9：参考文献 24；图 10-10—图 10-12：自绘；图 10-13：https://www.archdaily.cn/